李学峰 ◎ 编著

吊装工程管理
从入门到精通

DIAOZHUANG GONGCHENG GUANLI
CONG RUMEN DAO JINGTONG

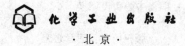

化学工业出版社

·北京·

内容简介

本书面对集群式工程建设项目中大型设备数量多、分布广、直径大、高度高、重量重，以及大型吊装作业"量大、时紧、区广、重要、高危、难管"的特点，结合盛虹炼化和裕龙石化两套投资千亿级大型炼化一体化项目吊装工程管理的良好实践，首次以时间为轴提出了"阶段化管理"的思想，对吊装管理 5 个阶段、15 个管理领域的 95 个管理活动进行了全面化、系统化、模块化、规范化的阐述。

主要内容包括吊装管理、整合管理、组织管理、设计管理、范围管理、采购管理、合同管理、技术管理、进度管理、资源管理、质量管理、安全管理、费用管理、信息管理、沟通管理、会议管理、文档管理、附录等 17 章。

本书适合吊装工程的项目管理人员学习使用，包括项目负责人、采购、设计、技术、施工、安全等专业管理人员以及操作人员，还可作为相关企业员工培训教材。

图书在版编目（CIP）数据

吊装工程管理：从入门到精通 / 李学峰编著.
北京：化学工业出版社，2024. 11. -- ISBN 978-7-122-
46472-9

　Ⅰ. TB4

中国国家版本馆 CIP 数据核字第 2024HC1910 号

责任编辑：廉　静
文字编辑：徐　秀　师明远
责任校对：李雨函
装帧设计：王晓宇

出版发行：化学工业出版社
　　　　　（北京市东城区青年湖南街 13 号　邮政编码 100011）
印　　刷：北京云浩印刷有限责任公司
装　　订：三河市振勇印装有限公司
787mm×1092mm　1/16　印张 12　字数 289 千字
2024 年 11 月北京第 1 版第 1 次印刷

购书咨询：010-64518888
售后服务：010-64518899
网　　址：http://www.cip.com.cn
凡购买本书，如有缺损质量问题，本社销售中心负责调换。

定　　价：69.80 元

　　起重吊装是人类认识世界、改造世界的一项重要劳动，广泛应用于石油、化工、建筑、电力、冶金、核工业等领域的工程建设项目，并发挥重要作用。

　　"十二五"规划实施以后，我们国家工程建设项目的规模化、一体化、集约化发展不断提速。以石油化工行业为例，云南石化、恒力石化、浙石化、盛虹炼化、广东石化等一大批投资几百亿甚至上千亿的集群式工程建设项目陆续开工建设。与之相伴，我们国家的制造业和吊装产业的发展也取得了举世瞩目的伟大成就。

　　首先，设备制造在整体化、大型化、重型化方面屡创新高，百米的高塔、千吨的反应器屡见不鲜。如2020年，中国一重为浙石化4000万吨/年炼化一体化二期项目承制的全球最大超级浆态床反应器，设备重达3000吨，刷新了世界锻焊加氢反应器的制造记录；2021年，CPECC第一建设公司为广东石化2000万吨/年炼化一体化项目承制的抽余液塔，设备高116m、重达3940t，为亚洲整体制造、整体运输、整体吊装最重的塔器；2023年，宁波天翼制造公司为烟台万华化学集团蓬莱项目一期承制的丙烷丙烯分离塔，设备高138.6m，刷新了全球产品分离塔长度最高的纪录。

　　其次，大型吊装装备的研发和制造奇迹不断，4000吨级履带式起重机、5000吨门架等大型吊装装备已司空见惯，超大型设备吊装技术逐渐成熟并走在世界前列。2013年，徐工集团自主研发的全球首台4000吨级履带式起重机XGC88000，自产品下线后在国内外大型工程建设项目的吊装工程中独领风骚，取得了辉煌战绩；2021年，三一集团自主研发的三一SCC98000TM型4500吨级履带式起重机再次打破纪录，成为"全球第一吊"，该车曾成功服役于盛虹炼化1600万吨/年炼化一体化项目和裕龙岛2000万吨/年炼化一体化项目（一期），并为项目建设立下汗马功劳。

　　在过去的10多年时间里，我们国家工程建设项目规模化、设备制造整体化和吊装作业大型化之间呈现出了齐头并进、互相促进、突飞猛进的良好局面。我们在为过去的发展和成绩感到骄傲与自豪的同时，也深切地感受到随着社会背景和历史条件的变化，过去的一些技术规程、标准规范已略显滞后，甚至有些内容不但不能满足新时代吊装产业发展的需要，还存在制约发展的"卡脖子"现象，亟待研究、优化、变革。管理的思想、理论、要求、方法、工具等也应在传承的基础上开拓创新，该退则退、该止则止、该进则进，做到与时俱进。

　　纵观过往，吊装技术层面的专业书籍多如牛毛，但以集群式工程建设项目中大型设备吊装工程为研究对象的管理类书籍很少有。本书针对集群式工程建设项目中大型设备数量多、分布广、直径大、高度高、重量重，以及大型吊装作业"量大、时紧、区广、重要、高危、难管"的特点，结合盛虹炼化和裕龙石化两套大型炼化一体化项目吊装工程管理的良好实践，首次以时间为轴提出了"阶段化管理"的思想，对管理模式的选择、标段划分、招标选商、设备监造与催交、吊装资源配置，以及吊装工程项目整合管理、组织管理、设计管理、采购管理、技术管理、质量管理、进度管理、安全管理、费用管理、文档管理等 5 个阶段、15 个管理领域的 95 个管理活动进行了全面化、系统化、模块化、专业化、规范化的阐述，以起弥补之功。

本书汇集了作者在吊装管理方面 20 年的所学、所行、所思、所悟，通过盛虹炼化和裕龙石化两个大型炼化一体化项目的大量工作案例积极倡导"先谋后动、谋定再动、依谋而动"早预先谋的工作思想和"准确识变、科学应变、主动求变"实事求是的工作作风，以确保吊装方案设计科学、安全、节约，吊装工作组织合理、有序、高效，吊装作业管理规范、创新。

希望本书能够为广大读者朋友们提供良好借鉴，帮助更多的吊装技术人员、安全管理人员和项目管理者，在集群式工程建设项目大型设备吊装管理中更加得心应手。

因作者水平有限、成书时间仓促，书中难免有不足之处，敬请读者朋友批评指正。

李学峰

2024 年 6 月 24 日于山东·龙口

第1章
吊装工程管理概述

1.1 吊装作业定义与分级

1.1.1 吊装作业定义

《石油化工工程起重施工规范》SH/T 3536—2011 对吊装作业的定义为：在起重机械的作用下，工件被提升并安装到规定位置的施工作业。工件是指设备、构件等起重施工作业的对象。

《建筑施工起重吊装工程安全技术规范》JGJ 276—2012 对起重吊装作业的定义为：使用起重设备将被吊物提升或移动至指定位置，并按要求安装固定的施工过程。

《石油化工大型设备吊装工程规范》GB 50798—2012 对吊装作业的定义为：在起重机械的作用下，设备被提升并安装于规定位置的作业。

通过以上标准规范可以发现，不同年代不同行业对吊装作业定义的描述虽然在用词用语和表达上略有差异但大意基本相同，主要有以下三层含义：

① 起重施工包含工件的装卸、运输和吊装，吊装作业是起重施工的一部分；

② 吊装作业是指在起重机械的作用下，工件被提升或移动并安装于规定位置的作业过程；

③ 工件是设备、构件或其他被吊重物的统称。

综合以上信息，本书将吊装作业的定义总结为：**在起重机械作用下，设备、构件或其他被吊重物等工件被提升或移动并安装于规定位置的作业过程**。

1.1.2 起重机械的分类

起重机械可以按照其构造、取物装置、移动方式、驱动方式、回转能力、支撑方式、操作方式等进行分类。工作中，按照起重机械的构造和功能进行分类的方式较为常见。例如《起重机械分类》GB/T 20776—2023，将起重机械分为轻小型起重设备、起重机、升降机、工作平台、机械式停车设备五类，见图 1-1。

① 起重机分为桥架型起重机、臂架型起重机、缆索型起重机三个小类 10 多种结构类型。

② 轻小型起重设备包括千斤顶、滑车、起重葫芦、卷扬机；

③ 升降机包括升船机、启闭机、施工升降机、举升机；

④ 工作平台包括桅杆爬升式升降工作平台、移动式升降工作平台；

⑤ 机械式停车设备包括升降横移类机械式停车设备、垂直循环类机械式停车设备、水平循环类机械式停车设备、多层循环类机械式停车设备、平面移动类机械式停车设备、巷道堆垛类机械式停车设备、垂直升降类机械式停车设备、简易升降类机械式停车设备、汽车专用升降机等。

1.1.3 吊装作业分级管理

吊装作业是危险性较大的分部分项工程。吊装作业分级的目的和意义在于，一方面提高风险较高吊装作业的管理层级，通过更高层级的领导、更多环节的管理者、更专业的技术人员参与大型、超大型吊装作业管理，有效识别安全风险，切实落实

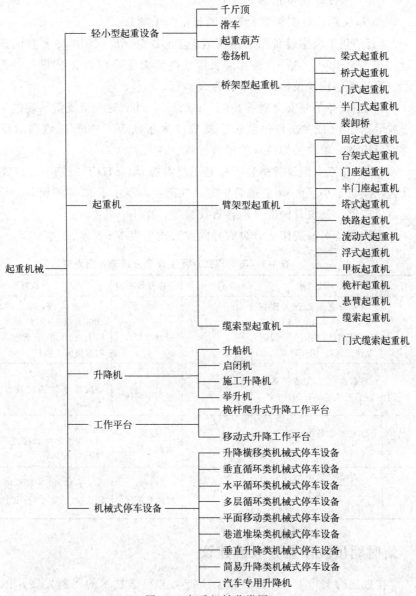

图 1-1 起重机械分类图

风险消减措施，以达到降低安全风险、防止发生安全事故的目标，保障企业健康持续发展，保障人民群众的生命财产；另一方面降低风险较小吊装作业的管理层级，通过作业人员对操作规程的遵守和相应管理制度的贯彻执行，在保证一般性的、风险较小的常规吊装作业安全的基础上提高工作效率、节约管理成本。

《石油化工建设工程施工安全技术标准》GB/T 50484—2019 又丰富了吊装作业等级划分的依据，规定：起重吊装作业按工件重量、长度或高度、工件结构及吊装工艺划分作业等级，并符合国家现行标准《石油化工工程起重施工规范》SH/T3536 的规定。《石油化工工程起重施工规范》SH/T 3536—2011 规定：起重施工作业划分为重大及一般两个等级，重大等级起重施工作业为符合以下条件之一者：

① 工件的质量在 100t 及以上；

② 工件长度在 60m 及以上；

③ 施工单位规定为重大等级的起重施工项目。

《石油化工大型设备吊装工程规范》GB 50798—2012 对大型设备的定义为：质量大于等于 100t，或一次性吊装长度或高度大于等于 60m 的设备，泛指塔器、反应器、反应釜、模块及构件（不含管线）等。

《大型设备吊装安全规程》SY/T 6279—2022 对大型设备吊装的定义为：质量大于或等于 100t 或一次性吊装长度或高度大于或等于 60m 的设备（泛指塔器、反应器、反应釜、模块及构件）的吊装过程。

《石油化工大型设备吊装工程施工技术规程》SH/T 3515—2017 对大型设备的定义为：质量不小于 100t 或吊装长度（或高度）不小于 60m 的设备，泛指塔器、反应器、反应釜、模块及构件（不含管线）等。

不同规范对吊装作业分级的异同点对比见表 1-1 所示。

表 1-1　不同规范对吊装作业分级的异同点对比表

序号	文件名称	发布时间	作业等级	分级标准	备注
1	《石油化工建设工程施工安全技术标准》GB/T 50484 和《石油化工工程起重施工规范》SH/T 3536	2019 和 2011	重大、一般两个等级	• 重大级：指工件的质量在 100t 及以上；工件长度在 60m 及以上；施工单位规定为重大等级的起重施工项目	
2	《石油化工大型设备吊装工程规范》GB 50798	2012	大型、一般两个等级	• 大型：质量大于等于 100t 或一次性吊装长度或高度大于等于 60m	
3	《大型设备吊装安全规程》SY/T 6279	2022	大型、一般两个等级	• 大型：质量大于或等于 100t 或一次性吊装长度或高度大于或等于 60m	
4	《石油化工大型设备吊装工程施工技术规程》SH/T 3515	2017	大型、一般两个等级	• 大型：质量不小于 100t 或吊装长度（或高度）不小于 60m	

1.1.4　新时期吊装作业分级的建议

在过去的十几年，伴随着社会生产力和科学技术的飞速发展，国内工程项目的建设规模化程度逐渐加大，被吊工件的整体化制造与重型化发展的特点明显，起重机械自主研发与制造能力取得了突飞猛进的发展。尤其在石油化工行业，炼油化工一体化项目与设备整体制造技术、吊装机械大型化研发呈现出了互相促进、齐头并进、协同发展的良好态势。

2004 年以后，三一集团、徐工集团、中联重科等企业陆续推出大吨位履带式起重机。2011 年，中联重科 ZCC3200NP3200 吨级履带式起重机研制成功；同年，三一 SCC86000TM 型 3600 吨级履带式起重机下线，起重能力全球最大，被誉为"全球第一吊"；2013 年，徐工集团自主研制的 XGC88000 型 4000 吨级履带式起重机成功下线，"全球第一吊"易主徐工；2020 年，三一重工研发制造的 SCC40000A 型 4000 吨履带起重机，再次跻身全球最大吨位履带式起重机行列；2021 年，三一重工再度发力，研发的 SCC98000TM 型 4500 吨级履带式起重机再次打破纪录引领世界，成为"全球第一吊"。

在履带式起重机飞速发展的同时,我国大型门式起重机的发展也不甘示弱。2013年,中化二建的6400吨液压复式起重机复式门架卧式试验完成,被列为国家2013年能源自主创新项目"大型煤炭深加工超限反应器专用吊装设备",填补了世界大型起重机械的技术空白。2014年12月,中国石油天然气第一建设有限公司自主研发的MYQ型5000吨门式起重机成功完成试验,创下了单门起重能力5000吨的世界之最。

可以说,过去十年中国起重机械自主研发与制造能力取得了飞速发展,在吊装的历史上不断打破纪录、创造奇迹!

站在新的历史节点上,面对我国工程建设项目的规模化、吊装装备的大型化和科技化、吊装人才的专业化、吊装技术的先进化和成熟化,吊装作业分级的标准应在遵循"分级管理思想内涵"的基础上与时俱进、适当调整,以促进吊装事业的健康、持续、协同发展。经过调查研究,本书建议将吊装作业划分为重大吊装作业和一般吊装作业两类,重大吊装作业可分为超大型吊装作业和大型吊装作业,一般吊装作业可分为中型吊装作业和小型吊装作业,按照"两类四级"进行分线管理。吊装作业分级详见图1-2,划分标准如下:

(1) 符合下列条件之一的吊装作业属于重大吊装作业中的超大型吊装作业

① 工件质量大于等于1000t;

② 工件高度或长度大于等于80m;

③ 使用吊装机具大于等于3000吨级;

④ 其他工件质量大于等于200t小于1000t,高度或长度大于等于60m小于80m,使用吊装机具大于等于1000吨级小于3000吨级的结构复杂或者安全风险较大的吊装作业。

(2) 符合下列条件之一的吊装作业属于重大吊装作业中的大型吊装作业

① 工件质量大于等于200t小于1000t;

② 工件高度或长度大于等于60m小于80m;

③ 使用吊装机具大于等于1000吨级小于3000吨级;

④ 其他工件质量大于等于80t小于200t,高度或长度大于等于40m小于60m,使用吊装机具大于等于500吨级小于1000吨级的结构复杂或者安全风险较大的吊装作业。

(3) 符合下列条件之一的吊装作业属于一般吊装作业中的中型吊装作业

① 工件质量大于等于80t小于200t;

② 工件高度或长度大于等于40m小于60m;

③ 使用吊装机具大于等于500吨级小于1000吨级;

④ 其他工件质量小于80t,高度或长度小于40m,使用吊装机具小于500吨级的结构复杂或者安全风险较大的吊装作业。

(4) 符合下列条件之一的吊装作业属于一般吊装作业中的小型吊装作业

① 工件质量小于80t;

② 工件高度或长度小于40m;

③ 使用吊装机具小于500吨级。

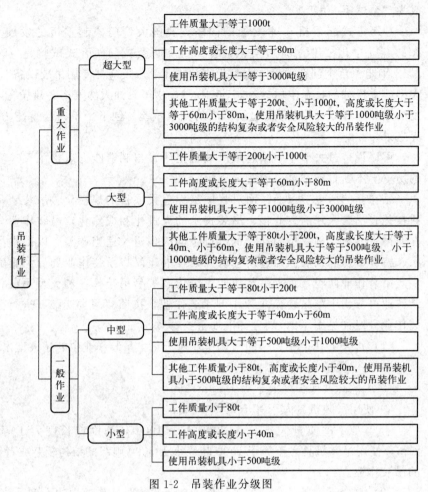

图 1-2　吊装作业分级图

1.2　吊装工程的管理模式

大型设备吊装管理模式的发展与工程建设项目的规模、吊装装备、吊装技术、吊装专业管理人才等息息相关。目前，国内吊装工程管理模式主要有两种，一是传统的工程施工总承包管理模式；二是新兴的大型设备吊装一体化管理模式。两者各有优缺点、各有适应条件。

1.2.1　工程施工总承包管理模式

中华人民共和国成立初期，我们国家的工业化底子比较弱。工程建设项目的规模较小、吊装装备的研发与制造能力较弱、吊装技术的创新与发展相对落后于其他发达国家，吊装作业主要依靠桅杆、绞磨、木排、滚杠、卷扬机、地锚、滑车等的吊装工具。

进入 20 世纪 60 年代，起重吊装技术有了新的发展，起重吊装作业出现了金属桅杆、重型金属桅杆和整体组合吊装技术。例如 1963 年石油部一公司设计制造了吊装能力 130t、高 48m 的桅杆及配套的 10t 卷扬机。70 年代后，特重型金属桅杆机构得到了广泛运用。例如1980年7月，一公司在洛阳炼油厂采用双桅杆成功地吊装了重606t的再生器，再一次刷新了我国炼油厂建设的吊装记录。80年代，我国起重机制造技术开始起步和发展，形成了一定的产业规模。1976年，北汽与长沙建设机械研究所联合，试制成功了QD100型100t桁架臂式汽车起重机，并应用在唐山大地震抢险中。1984年，抚顺挖掘机制造厂生产出国内第一台QUY50A型50吨级液压履带式起重机。经过30年的发展，我们国家建立了独立的、门类齐全的工业体系，一大批专业门类齐全的工程施工企业相继成立、发展壮大，形成了"百花齐放""百家争鸣"的格局。

在这样的时代背景下，相当长一段时期内吊装作业作为工业设备安装的一个工序，其工作组织与管理主要由施工总承包单位负责，这个时期的吊装管理模式称为"工程施工总承包管理模式"，见图1-3。即建设单位按照单项工程的装置区域布局进行打包，把不同的单位工程交由不同的施工单位以工程施工总承包的身份完成区域内土建、建筑、钢结构、设备、管道、防腐、绝热、电气、仪表等多专业或全专业施工的管理模式。在工程施工总承包模式下，吊装作业作为安装工程的一个环节、一个工序包含在其中，各施工企业依靠自身的人员、装备、技术和经验完成各自范围内吊装工作。

由于该模式优点是可以最大限度地减少界区内施工协调的工作量，缺点是在大型项目中会形成吊装资源的浪费和投资成本的增加，以及受制于各总承包单位对吊装人才、吊装技术、吊装管理的能力参差不齐，增加安全风险。因此，在中小型项目中应用较为广泛。

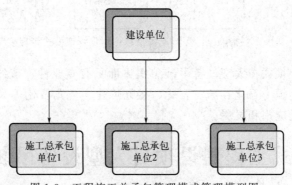

图1-3　工程施工总承包管理模式管理模型图

1.2.2　大型设备吊装一体化管理模式

改革开放后，随着新材料、新技术、新成果发展日新月异，我国起重吊装技术走上了"自力更生、桅机结合、以小吊大、讲求效率"的道路，在引进国外先进的吊装装备和成熟的吊装技术的同时，也在不断加大自身的研发能力，沿着"吊件更大、技术更新、效率更高、成本更低"的方向发展。进入21世纪后，我国吊装机械、吊装技术取得了重大突破，大量机械化程度高、科技含量高、吊装能力强的吊装装备应势而生。

2005年，中石化系统顺应历史潮流，在借鉴国际先进经验的基础上，率先在国内尝试了大型设备吊装工程专业总承包的模式，在茂名石化100万吨/年乙烯改扩建、青岛 1000 万吨/年炼油、福炼 80 万吨/年乙烯等项目将重量超过一定吨位的设备集中打包由专业吊装公司承担吊装任务，并取得了很好的效果，即大型设备吊装一体化管理模式。这种模式的优点是，将原来分散于各家施工总承包范围内的大型设备吊装工程统一打包由一家或几家专业的吊装公司来承担，实现吊装方案统一编制、吊装资源统一配置、吊装作业统一组织管理，减少了施工总承包方吊装资源的投入和浪费，增加了吊装公司管理的规范化和集约化，提升了安全保障，降低了业主方管理的难度和工作强度。

随后，2008 年，在中海油惠州项目建设中，再一次尝试了吊装一体化管理模式，中石化十公司、中油一建公司参与。大型设备吊装管理模式也得到了相应的发展，从传统的施工总承包模式发展到专业承包模式，也就是大型设备吊装一体化管理模式，见图 1-4。这种新兴管理模式将吊装作业从安装工程中独立出来，自成一体，进行专业化管理，是一种突破和创新，这是科技的发展、管理的提升、社会的进步、时代的产物。

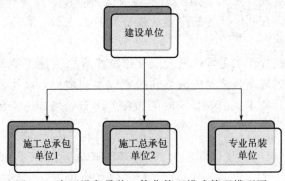

图 1-4 大型设备吊装一体化管理模式管理模型图

由于该模式在大型设备吊装组织方面具有专业性、节约性、安全性等优点，近年来在大连恒力石化、浙江石化、盛虹炼化、裕龙石化等大型集群式工程建设项目中得到广泛应用和发展。

1.3 集群式工程建设项目大型设备吊装管理

1.3.1 集群式工程建设项目的特点

炼油工业是国民经济的支柱产业之一。据统计，2022 年，我国原油一次加工能力高达 9.18 亿吨/年，首次超过美国，位居世界首位。

2015 年，国家发改委对石化产业基地的设立条件提出指导意见，确定了发展大连长兴岛、河北曹妃甸、江苏连云港、浙江宁波、上海漕泾、广东惠州和福建漳州古雷七大世界级石化产业基地的策划。

随后，恒力炼化 2000 万吨/年炼化一体化项目、浙石化 4000 万吨/年炼化一体化项目（分两期建设）、盛虹 1600 万吨/年炼化一体化项目、中海油惠炼二期 1000 万吨/年炼油项目、福建漳州古雷炼化一体化项目、裕龙岛 2000 万吨/年炼化一体化项目（一期）等一大批投资几百亿、上千亿的炼化一体化项目陆续开工建设。

这些炼化一体化项目属于典型的集群式工程建设项目，具有明显的大、多、广、紧的特点。

① 大。指工程建设项目的规模大、投资大、设备大。例如浙石化 4000 万吨/年炼化一体化项目，是国内首个 4000 万吨一体规划项目，总投资约 1731 亿元（不考虑配套项目），该项目中的 3000 吨反应器为目前全球最大。

② 多。指工程建设项目的单元装置多、大型设备数量多、参加建设的单位多。例如裕龙岛 2000 万吨/年炼化一体化项目（一期）中 56 个主装置、200 吨以上的大型设备多达 240 台，参建主力承包商 60 多家。

③ 广。指工程建设项目的占地面积广。例如浙石化占地 1307 公顷（1 公顷＝10000 平方米），裕龙岛石化占地约 863 公顷。

④ 紧。指工程建设项目的建设工期紧。例如大连恒力 2017 年开工建设，仅仅经过 2 年努力就实现了投产目标。

1.3.2　集群式工程建设项目大型设备吊装作业管理的特点与难点

集群式工程建设项目中大型设备往往具有数量多、高度高、重量重、分布区域广、到货集中度高的特点。大型设备吊装作业具有任务量大、分布区域广、施工工期紧、吊装装备型号大且数量多、同时作业点位多、受制约因素多、危险性高、对工程项目建设影响大等特点。大型设备吊装作业管理具有涉及环节多、参与单位或部门等主体责任多、受制约因素多、协调工作量大等特点，是一项专业的、复杂的系统性工程，在管理上存在以下难点：

① 大型设备按期制造、有序到货难；
② 吊装资源配置难；
③ 吊装作业安全监督管控难；
④ 吊装作业高效组织难；
⑤ 吊装作业投资控制难。

大型设备吊装多环节多专业关联情况，见图 1-5；多部门多单位协作关联情况，见图 1-6。

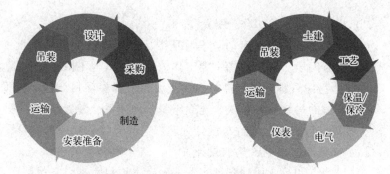

图 1-5　大型设备吊装多环节多专业关联图

1.3.3　集群式工程建设项目大型设备吊装管理任务

针对集群式工程建设项目大型设备吊装管理的特点和难点，以及为了实现大型

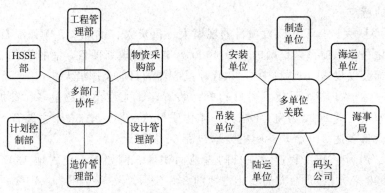

图 1-6　大型设备吊装多部门多单位协作关联图

设备吊装组织"安全、有序、高效、节约、规范、创新"的总体工作目标，必须建立完善的管理体系，进行超前的策划、科学的设计、严密的组织、规范的管理和系统的统筹。

站在新的历史节点，面对吊装行业越来越激烈的市场竞争和复杂的工作环境，结合在盛虹炼化1600万吨/年炼化一体化项目和裕龙岛2000万吨/年炼化一体化项目（一期）两个项目中大型设备吊装作业管理的良好实践，本书以时间为轴，按照工作任务将集群式工程建设项目大型设备吊装工程项目管理划分为启动阶段、准备阶段、实施阶段、收尾阶段和评价阶段五个阶段，见图1-7。

图 1-7　大型设备吊装工程项目管理阶段划分图

（1）启动阶段主要工作任务

大型设备吊装工程的启动阶段，是指从工程建设项目获得批准到吊装单位招标完成的一个时间段。该阶段的主要工作内容包括（但不限于）如下。

① 建立组织管理体系。通过对同类型相似规模项目调研，依据本项目的工程特点，选择合适的吊装管理模式、建立组织管理体系、配置吊装工程管理人员。

② 收集设计资料。通过与设计管理部门沟通收集整理本项目设计资料。

③ 定义范围。根据收集的设计资料，结合本企业的组织文化、管理制度、组织目标、项目特点和行业优秀管理实践，确定本项目大型设备吊装管理范围。

④ 编制吊装项目管理策划书。借鉴同类型项目管理经验，立足本项目的管理目标，对组织管理、设计管理、范围管理、采购管理、合同管理、技术管理、进度管理、资源管理、质量管理、安全管理、费用管理、沟通管理、文档管理等进行策划，编制吊装项目管理策划书。

⑤ 招标选商。依据大型设备的规格参数、重量、平面布置图等设计资料划分管理标段，组织招投标工作，选择吊装单位。

⑥ 费用估算。费用估算的目的和意义在于对比项目批准的概算（成本），制定项目费用策略和费用计划，统筹考虑项目费用筹备与使用情况，控制项目投资（成本）。

⑦ 订立吊装合同。根据评标委员会的建议，签订吊装工程服务合同、设备制造商合同和相关物料产品供应采购合同等。

在启动阶段，由于受设计进度影响，很多资料缺少，工作中往往需要调查、分析、借鉴行业内同类型或相似规模工程的经验数据。常用的工作方法有类比法和专家判断。

（2）准备阶段主要工作任务

大型设备吊装工程的准备阶段，是指从吊装合同签订到首台大型设备到场的一个时间段。该阶段的主要工作内容包括（但不限于）如下。

① 制定项目管理文件。包括大型设备吊装工程项目管理制度、细则、流程，以及大型吊装机具管理制度和大型设备吊装工程交工技术文件制度和模板等。

② 健全组织管理体系。建设单位吊装管理机构的组建与人员招聘，吊装单位项目经理、技术负责人、安全管理人员等主要管理人员的任命、面试、入场等。

③ 更新设计资料。随着设计的深入及时更新设计资料并提供给吊装单位，进行吊装技术文件准备。

④ 优化设计方案。依据吊装技术文件及时向设计管理部门提出意见或建议，优化设计方案。

⑤ 范围控制。随着参数的渐进明细，设备参数会发生一定范围的变更，要依据合同和范围管理说明书控制管理范围，对工作任务进行增减管理。

⑥ 优化大型设备制造计划。依据吊装计划，提出期望的大型设备到货计划，并与制造厂进行对接，对图纸、材料、配件、工位、人力、费用等各方面因素进行综合协商，以现场组织有力为导向优化大型设备制造计划。

⑦ 大型设备监造。建设单位应制定大型设备监造方案，对设备制造的进度和质量进行监督，对存在的问题进行提示、预警和干预，并协助制造厂解决相关问题，以保障大型设备按计划有序到货。

⑧ 合同交底。建设单位和吊装单位的合同签订部门均应组织合同交底，向本单位的项目管理人员介绍合同条款、签订背景和相关谈判与承诺，以及合同执行可能存在的风险及风险规避、转移、消减措施。

⑨ 技术文件准备。吊装单位应依据建设单位提供的地勘报告、平面图、设备图等相关资料，结合投标文件编制施工总组织设计、施工组织设计、吊装作业专项方案、大型吊车安拆专项方案、吊装地基加固处理专项方案、吊耳吊盖制作图等技术文件。

⑩ 编制吊装计划。依据设备采购合同约定的到货计划，以及与制造厂对接后达成的可交付计划，编制切实可行的大型设备吊装计划。

⑪ 落实吊装资源。依据大型设备吊装计划落实吊装资源，进行资源考察、锁定和关注。

⑫ 编制质量检试验方案。依据大型设备吊装作业的特点和质量管控目标制定质量检试验方案。比如吊装地基加固处理的质量检验方案、吊耳吊盖制造的检试验方案、大型吊装机具质量检试验方案，以及平衡梁、钢丝绳、卸扣等吊装索具的质量检试验方案等。

⑬ 编制应急预案。依据吊装作业方案和工程项目实际情况，进行安全风险分析、建立重大安全风险清单库、制定风险消减措施，编制应急预案等。

⑭ 费用计划。费用计划是确定可依据以监督和控制项目绩效的费用基准，费用计划完成后应形成费用预算，经组织批准的费用预算将作为项目费用控制的总基准。

⑮ 编制文档管理计划。依据项目特点和行业良好实践经验编制适用于本项目的文档管理计划。

该阶段设计资料相对于启动阶段已经有明显的准确性，但是仍存在资料不全、数据缺失的现象，为了提高工作效率，常用的工作方法有经验估值法和假定条件工作法。

（3）实施阶段主要工作任务

大型设备吊装工程的实施阶段，是指从首台大型设备到场至最后一台大型设备吊装结束的一个时间段。该阶段的主要工作内容包括（但不限于）如下。

① 指导与管理项目工作。依据法律法规、标准规范、合同、管理策划书和管理文件对项目工作进行管理。

② 修订项目管理文件。根据企业文化和项目具体情况，定期修订与升版管理文件。

③ 管理项目知识。应用组织现有知识并通过不断总结经验教训产生新知识，同时在团队中营造一种互相信任的工作氛围，激发成员积极主动分享自己的知识，帮助项目成员提升整体工作能力，用以更好地服务于项目管理，保证项目管理目标的实现。

④ 组织变更管理。建设单位和吊装单位的管理人员发生变更，应及时履行变更程序并告知相关方。

⑤ 组织绩效管理。应定期对组织绩效数据进行收集、整理、统计、分析，并进行考核与改进提升。

⑥ 设计变更管理。接收设计变更通知单，并及时向吊装单位发布，避免因变更信息及资料不及时传递而影响工作正常开展。

⑦ 范围变更管理。在实施阶段应根据项目进展及实际情况进行范围变更管理，以保障大型设备吊装工作计划执行的连续性、稳定性和可追溯性。

⑧ 大型设备催交。建设单位工程管理部门应依据吊装单位对设备到货的需求，协同物资采购部和机电仪部等有关部门加强重点设备的催交工作，促使大型设备按照计划有序到货，以保障现场大型吊装作业的连续与高效，避免人员窝工和大型机械闲置。

⑨ 采购变更管理。建设单位应提前预估项目采购风险，并积极开展采购变更管理。

⑩ 合同管理。对合同条款执行情况进行管理，及时处理合同争议、违约、索赔

等工作。

⑪ 合同变更管理。当设计和采购发生变更时，建设单位和吊装单位应当进行合同变更，对相应的条款进行修改、调整、补充和完善。

⑫ 合同中止。在特定条件下发生甲乙双方无法继续履行合同的，应及时进行合同中止管理。

⑬ 方案交底。包括吊装作业专项方案、吊装地基处理专项方案、大型吊车安拆专项方案等在施工作业前由吊装单位的技术负责人向参加作业的班组进行方案交底，并签署交底记录。对于吊装工艺复杂的吊装作业应依据专项方案编制大型设备吊装作业指导书。

⑭ 技术变更管理。当吊装工艺、吊装参数、吊装机具发生重大变更时应及时履行变更管理程序，对技术文件进行重新审批和更替。

⑮ 进度控制。以项目里程碑和总体统筹计划为目标，以大型设备吊装计划为抓手，以吊装机具资源配置为依托，以现场结果为导向，采用检查、比较、分析等方法发现实际进度与计划进度之间的偏差，并通过领导、组织采用协调、服务、控制、统筹、激励等措施进行进度控制。

⑯ 进度变更管理。依据项目进展和实际情况，当工程建设项目实施条件发生重大变化时应及时进行进度变更管理，包括大型设备吊装计划变更和大型吊装资源配置变更。

⑰ 质量控制。依据相关法律法规、标准规范和质量检试验方案严格进行质量控制。

⑱ 重大质量问题处理。对于吊装工程来讲，显性的质量就是隐性的安全、今天的质量就是明天的安全。在项目执行过程中，一旦发现重大质量问题必须坚持原则及时进行整改处理。

⑲ 过程安全管理。从人、机、料、法、环、检（测）、试（验）、管（理）几个方面，加强吊装作业施工准备的过程监督，加强吊耳检测、地基实验、安全交底、联合检查、起吊令签署等试吊前的安全管理，加强试吊作业的过程管理，加强正式吊装作业过程的监护与应急管理。

⑳ 安全事件处理。安全无小事，在吊装作业过程中要高度重视对安全事件的防范与应急处理，并吸纳总结经验教训，举一反三，完善管理制度、规范管理程序、提升管理安全风险预防管控能力，坚决杜绝安全事故的发生。

㉑ 费用控制。一方面要按照合同约定计算、确认和支付已完成工作量费用，做好进度款结算；另一方面要定期编制项目费用执行报告，对工程进度和费用偏差分析结果进行说明，对整个项目竣工时的费用进行预测，对可能超支的工作单元进行预警。

㉒ 费用变更管理。在项目执行过程中发生费用变更时，项目应按照合同约定的变更程序及时进行费用变更管理。吊装单位应依据变更通知单及时办理工程签证。

㉓ 过程资料管理。建设单位和吊装单位均应依据相关法律法规、标准规范和项目文档管理计划，做好过程资料的编制、审批、盖章和保存，过程资料要保证及时性、真实性、完整性、全面性和可追溯性。建设单位文档管理部门应定期或不定期

组织过程资料的检查与评比，并开展文档管理培训。

该阶段呈现出工作量大、工期紧、任务重的特点，为了提高工作效率、保证工作质量，常用的管理方法有目标引领工作法、清单工作法、三定工作法、四神五性工作法、六个一工作法、八个凡是工作法等。

需要说明的是，大型设备吊装工程在项目实施阶段的管理也分前期、中期和后期三个时期。根据设备到货状态、工作条件、工作环境、工作任务饱满程度、制约因素、资源配置等的不同，管理的思想、理念、方法也应随之改变。前期追求科学合理，中期追求安全、高效、节约，后期以结果为导向，突出解决问题和化解矛盾，科学性、合理性和经济性次之。

（4）收尾阶段主要工作任务

大型设备吊装工程的收尾阶段，是指从最后一台大型设备吊装结束到竣工资料移交完成的一个时间段。该阶段的主要工作内容包括（但不限于）如下。

① 编制项目总结报告。对项目执行情况进行全面系统的总结。

② 申报项目工作成果。

③ 解散组织。

④ 合同关闭。

⑤ 资源退场管理。

⑥ 竣工结算。

⑦ 文档整理与移交。

该阶段工作将面临大量数据、影像、文档的收集、整理、统计和分析等，常用的工作方法有统计分析法和图表分析法等，工作中要以事实为依据，强调数据的真实性、准确性和完整性。

（5）评价阶段主要工作任务

大型设备吊装工程的评价阶段，是指从项目竣工结算完成至总体评价结束的一个时间段。主要工作包括如下。

① 评价项目管理绩效。

② 更新组织历史资产。对项目执行期间的过程资产进行整理和更新，并转化为组织的历史资产，为企业的后续发展提供借鉴价值。

大型设备吊装工程项目管理的每个阶段都有不同的工作条件和工作任务，需要采用不同的工作方法。吊装工程项目管理有 5 个阶段、15 个管理领域、95 个管理活动，详见表 1-2。

表 1-2　吊装管理 5 个阶段、15 个领域、95 个管理活动表

知识领域	管理周期				
	启动阶段	准备阶段	实施阶段	收尾阶段	后评价阶段
2. 整合管理	2.1 编制项目管理策划书	2.2 制定项目管理文件	2.3 指导与管理项目工作 2.4 修订与升版项目管理文件 2.5 管理项目知识	2.6 编制项目管理总结报告 2.7 申报项目工作成果	2.8 评价项目管理绩效 2.9 更新组织资产

知识领域	管理周期				
	启动阶段	准备阶段	实施阶段	收尾阶段	后评价阶段
3. 组织管理	3.1 建立组织管理体系 3.2 组织管理策划	3.3 健全组织管理体系	3.4 组织绩效管理 3.5 组织变更管理	3.6 组织管理工作总结 3.7 解散组织	
4. 设计管理	4.1 设计管理策划 4.2 收集设计资料	4.3 更新设计资料 4.4 优化设计方案	4.5 管理设计 4.6 设计变更管理	4.7 设计管理工作总结	
5. 范围管理	5.1 范围管理策划 5.2 定义范围	5.3 范围控制	5.4 范围变更管理 5.5 范围确认	5.6 范围管理工作总结	
6. 采购管理	6.1 采购管理策划 6.2 招投标	6.3 优化设备制造与可交付计划 6.4 设备监造	6.5 设备催交 6.6 采购变更管理	6.7 采购管理工作总结	
7. 合同管理	7.1 合同管理策划 7.2 合同订立	7.3 合同交底	7.4 管理合同 7.5 合同变更管理	7.6 合同关闭 7.7 合同管理工作总结	
8. 技术管理	8.1 技术管理策划	8.2 技术文件准备	8.3 管理技术 8.4 技术文件变更管理	8.5 技术管理工作总结	
9. 进度管理	9.1 进度管理策划	9.2 制定吊装计划	9.3 进度控制 9.4 吊装计划变更管理	9.5 进度管理工作总结	
10. 资源管理	10.1 资源管理策划	10.2 资源准备	10.3 资源入场管理 10.4 管理资源 10.5 资源变更管理	10.6 资源退场管理 10.7 资源管理工作总结	
11. 质量管理	11.1 质量管理策划	11.2 编制质量计划	11.3 管理质量 11.4 控制质量 11.5 质量改进	11.6 质量管理工作总结	
12. 安全管理	12.1 安全管理策划	12.2 安全管理文件准备	12.3 管理安全 12.4 应急响应与事故处理	12.5 安全管理工作总结	
13. 费用管理	13.1 费用管理策划 13.2 费用估算	13.3 费用计划	13.4 费用控制 13.5 费用变更管理	13.6 竣工结算 13.7 费用管理工作总结	
14. 沟通管理	14.1 沟通管理策划	14.2 识别相关方及其需求 14.3 制定沟通管理计划	14.4 管理沟通 14.5 冲突管理	14.6 沟通管理工作总结	

知识领域	管理周期				
	启动阶段	准备阶段	实施阶段	收尾阶段	后评价阶段
15. 信息管理	15.1 信息管理策划	15.2 制定信息管理计划	15.3 管理信息 15.4 信息变更管理	15.5 信息管理工作总结	
16. 文档管理	16.1 文档管理策划	16.2 制定文档管理手册	16.3 管理文档 16.4 文档变更管理	16.5 文档管理工作总结 16.6 文档整理与移交	

注：本表中的序号与后文中的章节号一一对应。

第2章
整合管理

整合管理是指为实现项目管理目标，在认真分析本项目大型设备吊装管理的任务、期望、环境、条件的基础上，遵循一定的工作程序，制定科学、合理、可行的管理方案，对各项吊装作业管理活动进行策划、执行和管理，并根据期望、执行环境与工作条件的变化对管理方案进行完善、修订、调整等一系列活动的统称。整合管理贯穿于吊装工程的启动阶段、准备阶段、实施阶段、收尾阶段和后评价阶段，其主要工作内容包括：编制项目管理策划书、制定项目管理文件、指导与管理项目工作、修订与升版项目管理文件、管理项目知识、编制项目管理总结报告、申报项目工作成果、评价项目管理绩效、更新组织资产等。

2.1 编制项目管理策划书

建设单位是工程建设项目的总负责者、领导者和策划者。在吊装工程项目管理的启动阶段，建设单位应根据工程项目的建设规模和特点，在调查、统计、分析、研究有关信息的基础上，结合本企业的组织文化、组织架构、管理目标、管理风险、以往工程项目建设的良好管理实践和行业经验教训等对吊装工程项目管理进行全面、系统、科学、合理地策划。

吊装工程项目管理策划应包括（但不限于）组织管理策划、设计管理策划、范围管理策划、采购管理策划、合同管理策划、技术管理策划、进度管理策划、资源管理策划、质量管理策划、安全管理策划、费用管理策划、沟通管理策划、信息管理策划和文档管理策划等，策划完成后应形成吊装工程项目管理策划书，经过相关部门和领导审核、批准后发布实施。编制项目管理策划书的工作条件、方法与工具、工作成果，见图2-1。

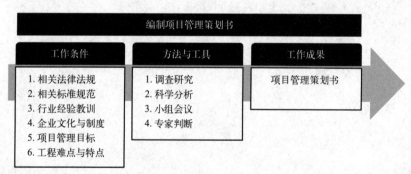

图2-1 项目管理策划书内容

编制吊装工程项目管理策划书的目的是为整个吊装工程管理过程中的指导与管理项目工作提供指南和方法，其作用在于使各项工作的开展有法可依、有章可循，规范管理活动，为管理项目工作打基础、建框架、定标准，见图2-2。

（1）吊装工程项目管理策划书应包括（但不限于）的内容

① 项目概况。

② 组织管理说明书。内容详见3.2节组织管理策划。

③ 设计管理说明书。内容详见4.1节设计管理策划。

④ 范围管理说明书。内容详见5.1节范围管理策划。

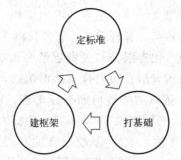

图 2-2 吊装工程项目管理策划书的作用

⑤ 采购管理说明书。内容详见 6.1 节采购管理策划。

⑥ 合同管理说明书。内容详见 7.1 节合同管理策划。

⑦ 技术管理说明书。内容详见 8.1 节技术管理策划。

⑧ 进度管理说明书。内容详见 9.1 节进度管理策划。

⑨ 资源管理说明书。内容详见 10.1 节资源管理策划。

⑩ 质量管理说明书。内容详见 11.1 节质量管理策划。

⑪ 安全管理说明书。内容详见 12.1 节安全管理策划。

⑫ 费用管理说明书。内容详见 13.1 节费用管理策划。

⑬ 沟通管理说明书。内容详见 14.1 节沟通管理策划。

⑭ 信息管理说明书。内容详见 15.1 节信息管理策划。

⑮ 文档管理说明书。内容详见 16.1 节文档管理策划。

吊装工程项目管理策划书内容，见图 2-3。其中，项目概况应对工程建设项目名

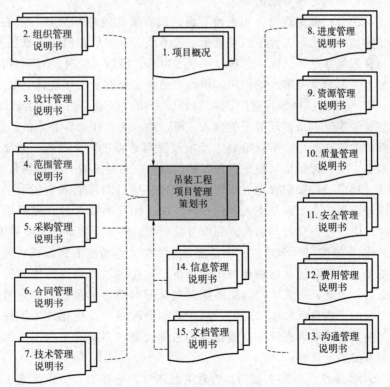

图 2-3 吊装工程项目管理策划书内容

称、建设规模、项目意义、建设地点、占地面积、投资金额、建设工期、吊装工程工作量、工作特点与难点、管理模式、管理目标等基本内容进行说明。

例如，山东裕龙石化有限公司投资建设的 2000 万吨/年裕龙岛炼化一体化项目（一期），项目位于山东省烟台市龙口市黄山馆镇，是山东省产业蝶变升级推动高质量发展的重大工程、新旧动能转换的标杆工程。项目占地面积约 35.23 平方公里，总投资约 1274 亿元，主要建设 2000 万吨/年炼油，300 万吨/年乙烯、300 万吨/年混合二甲苯，以及汽油、航空煤油、柴油、乙二醇、HDPE、UHMWPE、PP、EVA/LDPE、顺丁橡胶、溶聚丁苯橡胶和 ABS 等 65 套主装置。项目有长周期设备 1200 余台，其中，净重量大于等于 200 吨的大型设备及模块 221 台，总重量约 12 万吨。典型设备及模块有 13 台模块化到货的加热炉，最大为 2♯常减压装置常压炉，长 30.8 米、宽 17.7 米、高 23 米、重约 1030 吨；55 台反应器，最大反应器为 300 万吨/年浆态床渣油加氢装置反应器，直径 6.2 米、高 70 米、重约 3015 吨；12 台单体净重量超过 1000 吨的塔器，最高、最重塔器为 EO/EG 装置 EO 洗涤塔，直径 10.4 米、高 109 米、重约 2268 吨；1 座亚洲最高的火炬塔架，高 168 米、重约 2300 吨。吊装工程管理具有"量大、点多、面广、时紧、高危、难管"特点和难点。为了实现"安全、有序、高效、节约、规范、创新"的管理目标，公司建立了"董事会领导、总经理负责、分管副总经理统筹、工程管理部组织、项目部配合"的管理体系，并将吊装工程划分 3 个标段，采用"吊装一体化"的管理模式，邀请国内知名、行业顶尖的专业吊装单位负责各自标段内大型设备吊装方案编制、吊装资源配置、吊装作业组织实施等具体工作。

（2）项目管理策划的要求

兵法云：谋定而动、知止而有得。没有事前的良好策划与精心准备，很难取得期望的结果。吊装工程项目管理策划是吊装工程项目管理的首要任务也是重要任务，项目管理策划是否全面、系统、科学、可行、经济、及时，对项目执行效果的好坏、顺利与否起着至关重要的作用。因此，吊装工程项目管理策划应符合以下要求：

① 全面性。吊装作业组织在设计、采购、制造、交货、运输、现场安装条件、吊装资源配置等众多环节上受到人、机、料、法、环众多要素的影响，需要多单位、多部门的协同配合，所以吊装工程项目管理必须进行全过程、全要素、全方位的全面策划。全流程是指从模式选择、标段划分、招标选商、合同签订到吊装过程组织，以及过程中项目知识管理、组织资产管理、项目工作成果申报和项目管理绩效评价等进行策划；全要素是指人、机、料、法、环五个要素的合理衔接；全方位是指从设计出图、设备采购与制造，到设备催交与运输、安装条件协同等进行策划。

② 系统性。吊车站位、设备摆放经常会受到场地限制而预留周边的设备基础和设备安装，同时设备运输和吊车转场也经常受到系统管廊、相邻构筑物等外围条件的影响，因此，吊装工程组织不能脱离局部与总体的关系，必须考虑相关区域、相关专业的工期目标和施工需求，从时间和空间的维度优化施工工序。这就要求吊装工程项目管理策划必须进行整体性的系统策划，不能只见树木不见森林，而是既要见树木又要见森林。

③ 科学性。吊装工程项目管理策划在工艺选择上、资源配置上、计划安排上要科学合理，遵循科学规律、自然规律、工程项目建设的基本规律，不冒进、不过激、

不保守、不掣肘。

④ 可行性。吊装工程项目管理策划的内容不仅要符合国家现行法律法规、标准规范的要求，还要实事求是，符合本企业的实际情况，能够有效推行，不能为策划而策划、策划和执行"两张皮"。

⑤ 经济性。概算（建设单位）和成本（吊装单位）是工程建设项目管理的重要控制指标，吊装工程项目管理策划在经济上应尽量做到节约。

⑥ 时效性。前面讲过吊装作业组织受众多要素影响，需要多单位多部门协同配合，因此，吊装工程项目管理策划必须提前完成，及时将吊装策划方案、前置条件、影响要素等内容通过正式途径告知相关方，以寻求各相关方的配合与协同。如果策划缺乏时效性，相关前置条件没有得到有效保障将会造成工作的被动，再完美的策划不能发挥作用也等于零。

吊装工程项目管理策划的要求见图 2-4。

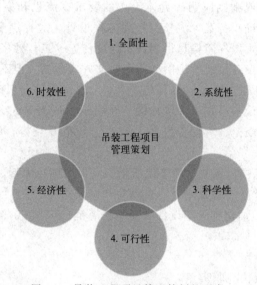

图 2-4 吊装工程项目管理策划的要求

2.2 制定项目管理文件

在吊装工程项目管理的准备阶段，建设单位应根据相关法律法规、标准规范、企业文化、管理目标、组织环境和吊装工程项目管理策划书制定项目管理文件。项目管理文件应经相关部门和领导批准后发布执行。制定项目管理文件的工作条件、方法与工具、工作成果见图 2-5。

（1）常用项目管理文件应包括（但不限于）的内容

① 大型设备吊装管理制度或程序文件。

② 大型设备吊装作业专项施工方案管理办法或细则。

③ 大型吊装机具管理办法或细则。

④ 吊装工程交工技术文件管理细则。

制度或程序文件应明确工作分工、职责和考核标准等，如建设单位工程管理部、

图 2-5 制定管理文件的工作条件、方法与工具、工作成果

设计管理部、物资采购部、机电仪部、项目部等相关部门，以及监理单位、吊装单位、分包单位（如有）、施工总承包单位、设备制造单位等各相关单位或部门的责任与义务；办法或细则应明确具体工作的要求、流程和模板等，如重大方案的编制、审批、专家论证、备案等流程。管理流程设计，应在满足相关方需求的基础上尽量采用最短路径，以保障信息得到最快速度传递、工作效率得到最大限度发挥。

（2）大型设备吊装管理制度或程序文件应包括（但不限于）的内容

① 编制目的。例如，为了更好统筹×××项目大型设备吊装工作，贯彻执行公司领导对大型设备吊装工程管理的工作指示，压实×××的主体责任，以确保大型设备吊装工作安全、有序、高效、节约、规范开展等，特制订本管理制度（程序、细则）。

② 适用范围。例如本程序仅适用于×××项目大型设备吊装作业管理。

③ 编制依据。例如《中华人民共和国安全生产法》《中华人民共和国安全生产管理条例》《石油化工大型设备吊装工程规范》（GB 50798）、《石油化工工程起重施工规范》（SH/T 3536）等。

④ 术语及定义。

⑤ 组织架构与职责。

⑥ 管理要求。

⑦ 考评与奖惩。

⑧ 附则。附则应对管理文件的执行要求和解释归口部门进行说明。例如本管理制度自发布之日起实施，由×××部门负责解释；本管理程序中引用的法律法规、标准规范和企业制度没有标准年份的统一执行最新版本。

⑨ 附录。制度、程序、细则里面涉及的流程和模板等应在附录里进行体现，以方便执行。

2.3　指导与管理项目工作

指导与管理项目工作是指在吊装工程项目管理的实施阶段为实现项目管理目标依据相关法律法规、相关标准规范、合同、项目管理策划书和项目管理文件对吊装工作进行决策、计划、组织、领导、协调、服务、激励、控制、考核和改进等一系列管理活动的总称。指导与管理项目工作是为了实现项目目标而领导和执行项目管理计划中所确定的工作，并实施已批准变更的过程。本过程的主要作用是对项目工作和可交付成果开展综合管理，以提高项目成功的可能性。指导与管理项目工作的工作条件、方法与工具、工作成果见图2-6。

图 2-6　指导与管理吊装工作的工作条件、方法与工具、工作成果

项目报告应能够从不同方面反映当前项目的总体状态，包括设计报告、采购报告、进度报告、质量报告、安全报告、费用报告、合同报告、文档报告等。项目报告应定期分类呈现，应做到主体突出、内容完整、数据翔实、结论明确、建议合理、措施得当等。

（1）管理的目的

管理的目的是实现组织目标。组织目标需要根据组织环境和项目特点进行确定，因企而异。例如盛虹炼化 1600 万吨/年炼化一体化项目大型设备吊装工程，针对项目地质条件差、项目建设场地狭小、大型设备到货集中、吊装作业安全风险大的特点，提出了"安全、有序、高效、节约"的总体工作目标；裕龙岛 2000 万吨/年炼化一体化项目（一期）大型设备吊装工程，针对项目中 168 米的火炬塔架（亚洲最高）、DCC 装置再生器吊装（直径 21 米，目前全球直径最大）、2 套 150 万吨/年乙烯同时建设（全球首例）、乙烯装置中急冷水塔（直径 16 米、重量 2200 吨，亚洲最大）等具体情况，把总体管理目标确定为"安全、有序、高效、节约、规范、创新"，见图 2-7。

以上两个项目在总体工作目标的引领下都取得了优异成绩。例如，裕龙石化在大型设备吊装管理上创造了"4000 吨履带式起重机 20 天吊装 4 台千吨重塔""4000吨级履带式起重机 68 天完成 2 套 150 万吨/年乙烯装置 6 台核心大型设备吊装""4000 吨级履带式起重机 102 米主臂＋21 米副臂塔式工况安全吊装亚洲最大急冷水塔""2000 吨级履带式起重机 108 米＋90 米塔式工况安全吊装 168 米亚洲最高火炬塔架"等良好业绩，多次打破行业纪录，并在"坚守 2023"全国起重产业最新发展成果评选中获得奖项。

（2）管理的职能

20 世纪初期，法约尔是最早对所有管理过程共性进行思考的人之一。作为大型企业的总经理，法约尔关注的焦点是整个大型组织的健康发展和良好的工作秩序。他认为，管理是计划、组织、协调、控制和指挥。这一定义已经成为从管理职能角

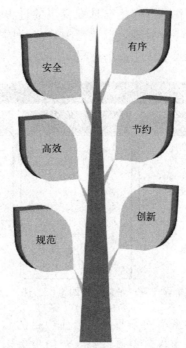

图 2-7   裕龙岛 2000 万吨/年炼化一体化项目（一期）大型设备吊装工程项目管理目标树

度定义管理的典范。在各项管理职能中，计划、组织和控制在适用性上得到了最广泛的承认。《管理学》一书的编者吴兆云对管理的定义是：在特定的环境下对组织所拥有的资源进行有效的计划、组织、领导和控制。

笔者认为，管理的本质是激发一切积极因素争取组织成功，预控一切消极因素防止组织失败。这里的组织是名词，是企业、协会、军队、医院、学校等营利性组织和非营利性组织的统称。要体现管理的本质，就需要给管理赋予一定的职能。在吊装工程项目管理中，管理的职能除了计划、组织、领导、协调、控制基本职能以外，还具有决策、服务（包含指导、协助、培训）、激励、考核等辅助职能。大型设备吊装工程项目管理的基本职能见图 2-8；大型设备吊装工程项目管理的辅助职能见图 2-9。

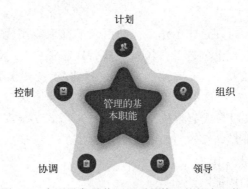

图 2-8   大型设备吊装工程项目管理的基本职能

（3）管理的作用

在管理吊装工作的过程中，管理者应围绕总体工作目标开展管理活动，通过管

图 2-9 大型设备吊装工程项目管理的辅助职能

理者的良好履职起到"引领、推动、纠偏"三个管理作用，见图 2-10。

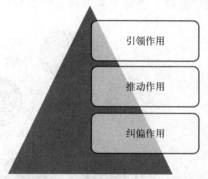

图 2-10 大型设备吊装工程项目管理的三个基本作用

① 引领作用：是指通过事前的计划、组织和领导确定工作方向、明确工作思路、工作目标、工作计划，引领、引导各项工作健康、积极地开展。

② 推动作用：是指通过事中的激励、控制和协调推动各项工作按照批准的方案和计划执行。控制包括监督、检查、检验和试验。避免工作有安排无执行或执行效率低、效能低、效果差的现象发生。很多事，做与不做，做得好与坏、成与败，取决于领导者的信心、态度和意志。因为执行者会从领导的信心、态度和意志中识别工作的重要程度和努力的程度，然后得出经验结论。领导意志不坚定、态度不明确、信心不足，执行者的信心和意志将减少 50%，甚至更多，他们会认为做不做都行，大多数人会采用搁置的心态等待领导的进一步要求；如果领导的意志坚定、态度明确、信心饱满，执行者将意识到自己没有任何退路，会迅速从领导那里获得精神力量，充满斗志，努力实现领导交办的工作任务。

③ 纠偏作用：是指通过事后的决策、服务和考核对进度、质量、安全、费用等方面的工作偏差进行干预，以结果为导向，及时调整工作思路、工作方案、工作计划和资源配置，以降低工作损失，保证组织目标实现，防止组织失败。服务包括指导、协助、培训。

（4）管理的思想

大型设备吊装工程不仅具有高危险性，还在整个项目建设中有着承上启下的重要作用，对装置建设影响重大，为了实现管理效果，起到管理作用，在大型设备吊装工程项目管理的过程中应践行一些优秀的管理思想。

第一，"先谋后动、谋定而动"的管理思想。凡事预则立不预则废，大件设备吊装是一项专业的、复杂的系统性工程，早期的整体性宏观策划非常重要，"知止"方能"有得"。

第二，"依谋而动、全流程协同"的管理思想。因为大件设备吊装工作组织涉及设计、采购、运输、安装等多环节，需要多单位多部门配合，必须主动对接上游设计、采购、制造、运输，积极协调下游吊装资源配置和设备安装条件准备，努力做到各单位、各部门、各参与方统一思想、统一步调，依谋而动、分头行动、全流程协同。

大型设备吊装作为承前启后的重要工序，对项目建设的影响之大任何一个专业都无法与之比拟。有智慧的管理者应将大型设备吊装组织作为项目建设的重要推手，通过吊装目标倒逼设计、采购、制造、运输和安装，提前预见并及时化解各种问题和矛盾，促进各环节工作高度协同和无缝衔接，以推动项目高质快速建设。**吊装与设计、采购、制造、运输、安装专业协同见图 2-11。**

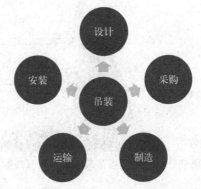

图 2-11 吊装与设计、采购、制造、运输、安装专业协同

第三，"分级管理、区别对待"的管理思想。工作千头万绪，要善于抓重点、抓关键、抓核心，围绕"关键路径、关键装置、关键设备"进行资源的合理分配与工作组织，避免"眉毛胡子一把抓"。例如，裕龙岛 2000 万吨/年炼化一体化项目（一期）在大型设备催交上制定了"核心设备重点催交、协同设备同步催交、一般设备全面催交"的工作思路，通过区别对待，把设计资源、制造资源、现场安装准备等各项资源向直径大、重量重、高度高、对装置影响大的、需要 3000 吨级及以上起重机械吊装的设备上进行集中，优先设计、优先采购、优先制造、优先安装，最终实现了工作高效、有序、节约的良好结果。大型设备分级图见图 2-12。

第四，"实事求是、科学决策"的管理思想。在大型设备吊装工程工作组织上，要遵循自然规律、科学规律和项目建设基本规律，不能盲目主观，更不能冒进。坚决杜绝让未知因素干扰已知决策。

第五，"全局把握、总体统筹"的管理思想。有些事情，站在不同的角度和立场可能存在不同的想法和解决方案，在化解矛盾冲突时，要进行全局把握、总体统筹，要有保有弃、有取有舍，做到"走一步、看两步、想三步，总体合理、当下最优"。

第六，"强化源头防范和过程化解全流程安全"的管理思想。大型设备吊装作业区别于其他作业的重要的特点是高危险性，安全管理是一切管理工作的核心，必须努力做到从源头上防范、从过程中化解重大安全风险，强化全流程安全。

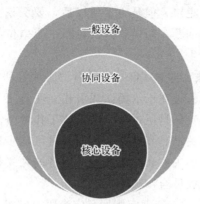

图 2-12   大型设备分级图

第七，"坚持创新、持续优化"的管理思想。创新是组织发展的动力源泉。在吊装工程项目管理中项目管理者应高度重视工作创新，包括技术创新和管理创新。很多人完全具备创新的能力也拥有创新的条件，甚至已经形成了创新的实践，但是因为对创新的认识不够而对创新行而不知。只有团队成员树立**"创新不是高、大、上，而是小、细、实，优化即创新、改动即创新"**的创新理念，倡导**"事事可创新、人人可创新、时时可创新"**的创新工作方针，在工作中才会解放思想、实事求是，积极主动地参与创新，"因时、因势、因事"调整和优化工作方案，努力做到"善于观察、勤于思考、敢于探索、勇于实践"，最终获得成功与进步。

（5）管理的方法

玛丽·帕克·斯莱特认为，管理是通过其他人来完成工作的艺术。斯蒂芬·P罗宾斯和玛丽·库尔塔认为，管理指的是和其他人一起并且通过其他人来切实有效地完成活动的过程。孔茨和韦里克认为，管理就是设计和保持一种良好的环境，使人们在群体里高效地完成既定的计划。孔茨（Koontz）认为，从广义来讲管理就是协调职工的工作。二十世纪五六十年代，孔茨和奥唐奈认为，管理就是通过其他人来做好工作。必须指出，他们的管理强调的是有效地运用属于两个或更多的人的资源（包括个人力量），以便实现个人单独活动所不能完成的目标的各种活动。如果没有这个理解，"通过其他人来做好工作"，就有可能成为惰性和官僚主义进一步蔓延的肥沃土壤。

通过以上管理大师对管理的解读，我们看到管理是建立在众多人之上的、一种激发更多人高效工作实现目标的艺术。既然是艺术就需要一定的表现方法，管理者在管理活动中的表现方法即为管理方法。笔者在大型设备吊装工程管理中总结了几个有效的管理方法，分享如下：

① 清单工作法。《清单革命》的作者把人类所犯的过错分为两类，一类是无知之过，即因为没有掌握一定的知识或者深刻地认识到事物的本质而犯下的过错；第二类是因为遗忘或大意而造成的过错，而大多数过错都属于第二类，因为再伟大的专家也会因为遗忘或大意而犯错。所以，工作中应尽量多地建立清单，这对工作是非常有好处的。例如工作任务清单可以解决遗忘的问题、工作执行清单可以解决不会的问题、工作检查清单可以解决大意的问题。

② 不贰过工作法。是指发现一个问题、培训和教育一批人、优化一个流程、设计一个模板、制定一项制度，杜绝同类问题二次出现的工作方法。人非圣贤孰能无

过，在管理上难免犯错，但是犯了错以后，要深挖问题产生的根本原因，通过举一反三，避免同样的问题、同样的错误在同一个单位的不同人之间或者同一个项目不同单位之间多次发生。

③ 双责分工法。即对团队成员施行"属地管理＋直线责任"进行合理分工的一种工作方法。属地管理在于给团队成员建立明确工作边界，明确每个人的工作责任和权力范围；直线责任是通过某一项具体工作业务打破空间限制，避免团队成员形成思维壁垒，事不关己高高挂起，让他们尽可能多地参与到其他人员或属地的工作中，通过关注他人的工作和向他人寻求支持的方式帮助团队成员熟悉整个团队工作的进展，促进团队成员合作和团队。

④ 三定工作法。三定即定制度、定流程、定模板。三定工作法是指在工作启动之初就要制定管理制度、管理流程和管理模板的一种工作方法。该工作方法要求管理者对工作主体、工作流程、工作职责、工作要求、考核标准进行清晰定义，为工作执行提供指南、为取得良好工作效果提供保障、为绩效考核提供依据。"三定工作法"既是一种工作方法，也是工作思维和工作习惯，可以为工作有序、高效开展提供良好保障。如因特殊原因，在工作之初不能完成将相关制度、流程和模板确定下来时，应在工作开展中适时加以完善，并通过 PDCA 循环逐步持续调整和优化。

⑤ 四神五性工作法。即在工作中要时刻保持怀疑精神、求真精神、务实精神、创新精神，提高工作敏感性、前瞻性、预判性、积极性和时效性的工作方法。

⑥ 5A 团队工作法。即在组织中打造具有"凝聚力、战斗力、执行力、学习力、创造力"的 5A 团队，以提高团队整体工作能力的工作方法。

⑦ 六个一工作法。即在工作中坚持凡事多想一下、多问一句、多看一眼、多跑一趟、多走一步、多做一点的工作方法。有时候你会因为多问一句话而获得惊人的信息，也会因为多走一步发现重大风险，更会因为多做了一点而防范和化解了危险。

⑧ 6WHP 工作工作法。即营造"想到的工作主动办、看到的工作积极办、领导交代的工作限时办、协助他人的工作热情办、紧急重要的工作优先办、所有工作认真办"的工作行为准则，以提高团队整体工作效能的工作方法。

⑨ 八个凡工作法。即凡是工作要有目标、凡是目标要有计划、凡是计划要有执行、凡是执行要有检查、凡是检查要有评价、凡是评价要有考核、凡是考核要有改进、凡是改进要有提升，详见图 2-13。

图 2-13　绩效管理持续提升图

⑩ 专家决策工作法。在本书的众多管理活动中都应用到了"专家决策"这个工具与方法。专家决策有广义和狭义之分,狭义的专家决策,如我们熟知的危大方案的专家论证,找来有一定资历、资格的专家库的专家按照法规规范的要求组织,并出具报告的正式专家论证。而广义的专家决策,是指每一件事情在决策和实施前都可以请曾经做过同样事件的人进行交流,从而通过他们对以往经验教训的分享和新问题的认知谈谈自己的看法和建议,我们从这些建议中找到更加适合的、科学的、最大可能保证成功的一种工作方法。在很多人的眼里,专家一定是在某一领域有很深造诣,有认知、论文、著述立传,有专家证书。其实不然,本书的理论中认为只要"做过就是专家",因为只要他做过,就只有两种结局,一是成功,二是失败;成功有成功的经验,失败有失败的教训;这些成功的经验和失败的教训都将成为帮助我们取得未来事业成功的宝贵财富,我们要做的就是规避他们失败的教训,借用他们成功的经验。

⑪ 小组会议工作法。小组会议工作法是继专家决策之后,又一个实用而且性价比极高的管理方法和工具。它最大的优点有两个,一是可以充分调动参与者的积极性,体现民主、平等、自由,体现尊重,促进团队团结;二是,可以通过头脑风暴、集思广益,广开言路、打开思路,创造意想不到的效果,我们常说,"三个臭皮匠顶个诸葛亮",智者千虑必有一失、愚者千虑必有一得。因为我们不是智者,所以需要发挥大家的智慧,集思广益;因为我们不是愚者,更不是臭皮匠,所以一定能够通过头脑风暴碰撞出奇思妙想。

小组会议最大的工作效果可以防止遗忘和遗漏,获得良好的方案和美好创意。很多事情在执行阶段,已经非常明确了,条件、标准、方法、工具目标都非常清晰,我们为了预防负面因素的出现防止失败,我们追求一次性把工作做好、做对、做到极致,这是较高的自我追求。但是很多事情,在谋划、规划、策划阶段,事情的条件不清楚、问题不明确、目标不明确、方式方法需要讨论优化,这个时候就需要集思广益,提倡先动起来,并不是一次就能把事情完全办好,需要无数次的打磨,更多人的参与,这个时候不要考虑工作质量的好坏、多少,有就是好,参与就是好,动起来就是好,在做的过程中慢慢体会、修正、提高。就像作家写作一样不是有了灵感才去写作,而是写着写着就有了灵感;很多事不是有了机会才去做,而是做了才有机会;也不是有了希望才去坚持,而是坚持了才有希望;我们在工作中,要敢于想象,打开思路,方案有瑕疵也不要紧,通过持续优化和坚持一定能够把美好的创意变成现实。

(6) 管理的手段

在大型设备吊装工程项目管理过程中,常用的管理手段有以下几个方面。

① 检查:检查方式通常采用**"结构化专项检查"**和**"非结构化日常巡检"**两种。

结构化专项检查是指由固定的管理部门或管理人员定期组织相关部门或人员对吊装单位特定领域的工作表现和绩效进行全面、系统的检查,检查前一般需要制定专项的检查表,检查过程中形成翔实、完整的记录,检查后以检查结果为依据与工作要求基准进行比对,并以此对吊装单位的工作表现和工作绩效进行评价和奖惩。

非结构化日常巡检,是指由专业管理人员通过对重点工作区域或部位旁站、关键工序平行检查或巡视等手段,对吊装单位的部分及全部工作表现和绩效进行不定时间、不定范围、不定内容的检查,及时发现与纠正作业过程中的错误。非结构化日常巡检通常采用口头的语言交流进行工作绩效的表扬和批评。

检查的内容主要有以下内容：

a. 一查工作执行是否与方案一致；

b. 二查工作质量是否符合规范要求；

c. 三查工作进度是否与计划存在偏差；

d. 四查工作风险是否得到识别与有效管控；

e. 五查工作程序是否合法合规。

f. 六查工作文件和工作记录是否及时、真实、齐全。

② 检验：试验、复检、专家评审。

③ 评价：肯定、否定、表扬、批评。

④ 沟通：电话交流、面对面交流、会议、邮件、联络单、函件、约谈。

⑤ 激励：设定一定的激励政策和标准，宣传告知，增加工作人员的积极性和工作效率。

⑥ 考核：奖励、通报、处罚、调整工作范围、中止合作。

项目管理者在管理项目前应该意识到的一个重要前提，就是项目的**"不确定性"**和项目管理的**"无常态"**。因此，项目管理者不可能用一套固定的"放之四海而皆准"的方法能搞定所有项目或者一个项目的所有工作，而必须在掌握基本的管理知识、技能、方法、工具和经验的基础上，根据具体环境、具体工作、具体对象作出灵活的裁剪和变通进行有效管理。

2.4 修订与升版项目管理文件

大型集群式工程建设项目的建设周期少则一年、多则两年，甚至更长。在吊装工程项目管理的实施阶段，受到项目环境和工作条件变化的影响，大型设备吊装工程项目管理的目标、组织结构、业务流程和工作要求等会随着外界条件的变化而不断调整，需要对管理文件进行适时修订。相关内容修改、调整、补充、优化完成后应及时升版与发布，并对原文件进行废止处理。修订与升版项目管理文件的工作条件、方法与工具、工作成果见图2-14。

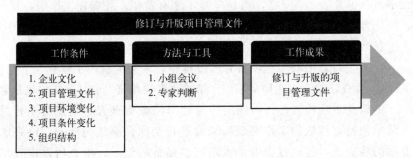

图 2-14　修订与升版项目管理文件的工作条件、方法与工具、工作成果

原则上，即使没有重大条件变化，大型设备吊装工程项目管理文件也应定期升版，如每半年或每年升版一次。管理文件的修订、升版和废止应有版次区分，并经相关部门和领导审核、签发后执行。

2.5 管理项目知识

　　管理项目知识是指使用现有知识并不断生成新知识，帮助项目成员通过持续学习提升工作能力用于更好地服务项目管理，保证项目管理目标实现的过程。在吊装工程项目管理的实施阶段，项目管理者应通过调查、咨询、访谈、测量、试验等方法，对项目执行过程中产生的数据与信息进行采集、整理、分析研究，吸取经验教训，优化、改进、提升项目工作，保证项目"安全、有序、高效、节约、规范、创新"的工作目标得以实现。管理项目知识的工作条件、方法与工具、工作成果见图 2-15。

图 2-15　管理项目知识的工作条件、方法与工具、工作成果

　　在吊装工程项目管理的实施阶段，项目管理者应用组织现有知识并通过不断总结经验教训产生新知识，同时在团队中营造一种互相信任的工作氛围，激发成员积极主动分享自己的知识，帮助项目成员提升整体工作能力，用于更好地服务项目管理，保证项目管理目标的实现。

　　组织应从项目管理过程中获得以下知识：

　　① 知识产权。

　　② 从经历获得的感受和体会。

　　③ 从成功和失败项目中获得的经验教训。

　　④ 过程、产品和服务的改进结果。

　　⑤ 标准规范的要求。

　　⑥ 发展趋势与方向。

　　大型设备吊装工程项目管理在启动阶段和准备阶段所做的大量准备工作，最终都将在实施阶段以实践结果进行呈现。这些结果既有良好实践的成功经验，也有失败案例的沉痛教训，无论是成功经验还是失败教训都是今后进步的阶梯和宝贵财富。项目管理者应当对这些良好实践和失败案例进行及时真实的记录，填写经验教训记录卡和经验教训登记册。

　　经验教训登记册以项目为单位对所有可记录的经验教训进行台账化管理，以方便查阅。经验教训登记册重点描述经验教训的类别、记录编号、事件主题、发生时间、主要影响等，模板见附表 1。

　　经验教训记录卡应重点记录事件发生的时间、地点、原因、背景、过程、影响，涉及的单位、人员，以及从该事件中吸取的经验教训和启发等。经验教训记录卡应做到及时、真实、准确、齐全，模板见附表2。

项目管理机构应确定知识传递的渠道，实现知识分享，并进行知识更新与创新。必要时，应采取措施，以保证知识应用的准确性和有效性。

2.6 编制项目管理总结报告

大型设备吊装工程的收尾阶段，项目管理者应组织相关人员对各项管理工作进行全面系统的总结，对目标实现情况、执行过程中遇到的困难与阻碍、良好实践和失败案例、绩效数据、重大事件的影响与意识等进行收集、整理、分类、汇总，分析亮点、优点和不足，及时总结经验教训并提出改进建议，形成吊装工程项目管理总结报告。编制项目管理总结报告的工作条件、方法与工具、工作成果见图2-16。

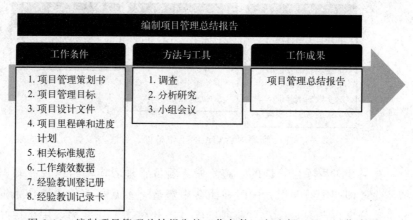

图2-16　编制项目管理总结报告的工作条件、方法与工具、工作成果

（1）项目管理总结报告编制依据应包含的内容

① 项目管理策划书。

② 项目管理目标。

③ 项目合同。

④ 项目里程碑和进度计划。

⑤ 项目设计文件。

⑥ 相关标准规范。

⑦ 工作绩效数据。包括进度、质量、安全、费用等。

⑧ 项目经验教训登记册。

⑨ 项目经验教训记录卡。

（2）项目管理总结报告应包含以下内容

① 编制说明。简要说明管理工作的总体执行情况。

② 组织管理工作总结。详见3.6节组织管理工作总结。

③ 设计管理工作总结。详见4.7节设计管理工作总结。

④ 范围管理工作总结。详见5.6节范围管理工作总结。

⑤ 采购管理工作总结。详见6.7节采购管理工作总结。

⑥ 合同管理工作总结。详见 7.7 节合同管理工作总结。
⑦ 技术管理工作总结。详见 8.5 节技术管理工作总结。
⑧ 进度管理工作总结。详见 9.5 节进度管理工作总结。
⑨ 资源管理工作总结。详见 10.7 节资源管理工作总结。
⑩ 质量管理工作总结。详见 11.6 节质量管理工作总结。
⑪ 安全管理工作总结。详见 12.5 节安全管理工作总结。
⑫ 费用管理工作总结。详见 13.7 节费用管理工作总结。
⑬ 沟通管理工作总结。详见 14.6 节沟通管理工作总结。
⑭ 信息管理工作总结。详见 15.5 节信息管理工作总结。
⑮ 文档管理工作总结。详见 16.5 节文档管理工作总结。
⑯ 结束语。

吊装工程项目管理总结报告内容见图 2-17。

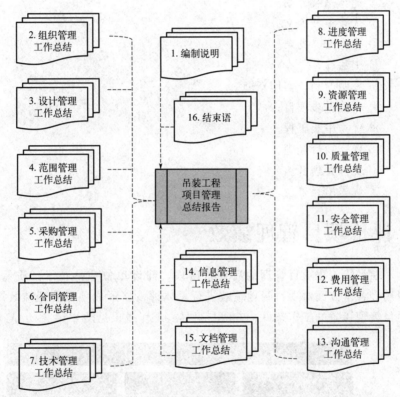

图 2-17　吊装工程项目管理总结报告内容

吊装工程项目管理总结报告中各项工作总结都要有结果与目标的对比与分析，各项数据要准确翔实并尽量配置合适的图表加以支撑，结论要科学完整。

2.7　申报项目工作成果

在吊装工程项目管理的收尾阶段，建设单位、监理单位、吊装单位等所有参与者应按照国家、行业和本企业的相关制度和通知，积极组织优秀工作成果的申报工作。申报项目工作成果的工作条件、方法与工具、工作成果见图 2-18。

图 2-18　申报项目工作成果的工作条件、方法与工具、工作成果

优秀工作成果包括（但不限于）以下内容：

① 优秀施工组织设计。

② 优秀吊装方案。

③ 优秀科技论文。

④ 优秀 QC 成果。

⑤ 工法。

⑥ 发明专利、实用新型。

⑦ 科技进步项目。

⑧ 优秀吊装工程。

⑨ 优秀项目经理。

⑩ 优秀管理者。

⑪ 优秀吊装单位。

2.8　评价项目管理绩效

在吊装工程项目管理的后评价阶段，建设单位应从技术、质量、进度、安全、费用等各个方面对项目管理绩效进行总体评价，形成项目管理绩效评价报告。评价项目管理绩效的工作条件、方法与工具、工作成果见图 2-19。

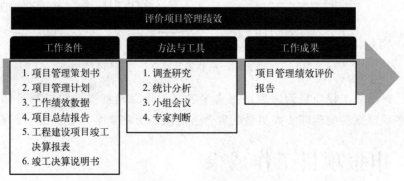

图 2-19　评价项目管理绩效的工作条件、方法与工具、工作成果

工程建设项目竣工决算是对建设项目自开始建设到竣工为止所有工程建设支出等财务情况和最终建设成果的综合反映，是建设工程经济效益的全面反映，是竣工

验收报告的重要组成部分。整体工程项目建设完成后，建设单位应在后评价阶段编制竣工决算，吊装单位应按要求提供相应的工作绩效数。通过竣工决算与概算、预算的对比，能够正确反映吊装工程的实际造价和投资结果，能够公正客观地评价项目绩效，为组织积累技术经济方面的基础资料，提高未来吊装工程的投资效益，以帮助吊装单位更好地参与未来吊装工程的商业活动。

2.9　更新组织资产

本章所讲的组织资产包含企业文化、管理制度、管理细则、工作流程、工作模板、员工行为指南、集体思维认知、成功经验和失败教训等。组织资产包括在项目执行期间产生的过程资产和项目结束后总结更新的历史资产。经验和教训是企业在项目管理过程中形成的重要的过程资产。在吊装工程项目管理的后评价阶段，管理者应通过总结将项目执行期间形成的工作思路、良好的工作实践、工作绩效数据、经验教训等过程资产转化为组织新的历史资产，对组织资产进行及时更新，为企业健康持续发展积累经验，贡献价值。更新组织资产的工作条件、方法与工具、工作成果见图 2-20。

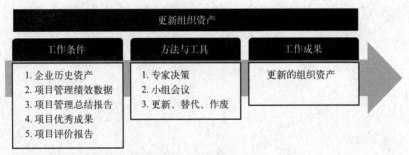

图 2-20　更新组织资产的工作条件、方法与工具、工作成果

从某种意义上讲，组织资产相当于企业在进行决策、计划、执行、考核等管理活动时可参考的经验库，里面储存了大量与企业工作有关的"锦囊妙计"。

第3章
组织管理

组织一般有两层含义：一是作为名词，按照一定的宗旨和目标建立起来的集体，如医院、学校、机关、工厂等这些都是组织；另一种是动词，就是有目的、有系统地集合起来，如组织群众、组织同事等，是管理的一种职能，常常与领导、协调、服务等关联使用。本章的组织是指前者，组织管理贯穿于大型设备吊装工程项目管理的启动阶段、准备阶段、实施阶段和收尾阶段，主要工作内容包括建立组织管理体系、组织管理策划、健全组织管理体系、组织绩效管理、组织变更管理、组织管理工作总结和组织解散等。

3.1 建立组织管理体系

一切管理都是建立在组织的基础之上，管理的目的是实现组织的目标，如果管理缺失，组织就无法有效运行，组织目标就无法实现；如果没有组织，管理就无从谈起。组织的构成要素包括组织环境（含组织结构、业务流程和企业文化等）、组织目标、管理主体和管理客体。在吊装工程项目管理的启动阶段，建设单位应依据公司领导层确定的吊装工程管理模式，及时明确吊装工程项目的分管领导、主管部门、吊装工程项目管理的负责人，建立吊装工程项目的组织管理体系。建立组织管理体系的工作条件、方法与工具、工作成果见图 3-1。

图 3-1 建立组织管理体系的工作条件、方法与工具、工作成果

在吊装工程项目管理的启动阶段，建设单位及时建立吊装工程项目的组织管理体系，一方面，有利于加强建设单位设计、采购、机电仪、费控等相关部门之间的横向沟通，推动大型设备的设计和采购工作；另一方面，有利于规范建设单位与潜在吊装单位之间的纵向沟通，促进双方的技术交流、商务谈判，为吊装工程标段划分、招投标组织和项目管理策划等工作提供组织保障。

大型集群式工程建设项目中的大型设备吊装工程，建设单位宜采用"公司总经理负责、主管工程副总经理分管、工程管理部主管、项目部（或 PMT）配合"的组织管理体系。既有利于工程项目建设的总体统筹，也有利于吊装资源的合理配置与调度使用。工程管理部门应根据项目规模、工作量以及工作的难易程度设置专职（或者兼职）吊装工程专业管理岗，并配备具备相应工作能力的工作人员。

3.2　组织管理策划

在吊装工程项目管理的启动阶段，组织体系建立后，相关负责人应根据公司的企业文化与制度、组织环境、相关部门工作职责分工表、管理范围、管理目标，以及行业经验等，对吊装工程项目全生命周期的组织管理工作进行详细策划，并形成组织管理说明书。组织管理策划的工作条件、方法与工具、工作成果见图 3-2。

图 3-2　组织管理策划的工作条件、方法与工具、工作成果

组织管理说明书的主要内容应包括（但不限于）以下内容。

① 组织管理模式。

② 设计组织结构。组织结构就是系统内组成部分及其相互关系的框架，具体地说就是根据组织的目标与任务将组织划分为若干层次与等级的子系统，并进一步确定各层次中的各个岗位及相互关系。组织结构的要素包括人员、岗位、职责、关系、信息等，各个岗位与工作部门就相当于一个个节点，各个节点之间的有机联系就构成了组织结构。组织架构通过部门和层级体现。管理层级是指从管理组织的最高层管理者到最下层实际工作人员之间进行分级管理的不同管理层次。设计组织结构的首要任务是根据企业的管理模式确定管理幅度和管理层级，进行工作岗位设置，绘制组织结构图。

③ 各工作岗位职责。编制岗位说明书，对各个岗位的工作职责进行定义。

④ 人员定额。根据各个岗位的工作任务确定人员定额。

⑤ 人员需求计划。根据项目管理目标，分阶段制定人员需求计划。

⑥ 人员招聘条件。

⑦ 人员招聘计划。依据人员需求计划和工作进度计划制定人员招聘计划。

⑧ 承包商项目经理、施工经理、技术负责人、安全负责人等主要管理人员的任职资格、面试流程、变更条件与管理办法等。

⑨ 组织绩效管理办法。包括对建设单位、监理单位、吊装单位等主要管理人员的工作激励和绩效考核。

⑩ 组织解散计划。包括建设单位专业管理人员的转岗计划，监理单位总监、总代和专业工程师的撤场计划，吊装单位项目经理、施工经理、技术负责人、安全负责人等主要管理人员撤场计划。

先进的管理模式、精干的组织架构、合理的岗位设置、明确的组织分工、高效的组织流程、良好的组织绩效、优秀的组织文化、卓越的团队是组织管理追求的最高目标。

3.3 健全组织管理体系

在吊装工程项目管理的项目准备阶段，建设单位、监理单位、吊装单位应依据相关法律法规、合同和本单位的制度要求、组织文化健全组织管理体系。健全组织管理体系的工作条件、方法与工具、工作成果见图3-3。

图 3-3 健全组织管理体系的工作条件、方法与工具、工作成果

一般情况下，吊装工程项目管理的责任主体有建设单位、监理单位、吊装单位、施工总承包单位，个别项目会涉及起重机械租赁单位、起重机械安装单位、起重机械检测验收单位和PMC第三方管理单位等。

3.3.1 建设单位组织管理体系

在吊装工程项目管理的项目准备阶段，建设单位应根据组织管理说明书通过内部人员转岗、借调、招聘、第三方管理机构人才输送等方式配置吊装专业管理人员，健全吊装工程项目管理建设单位的组织管理体系，明确设计管理部、物资采购部、机电仪部、工程管理部、质量管理部、HSE管理部（健康安全环保的统称）等各个部门的管理责任、工作边界和具体负责人，以及各自的岗位工作职责。

3.3.2 监理单位组织管理体系

在吊装工程项目管理的项目准备阶段，监理单位应根据相关法律法规、合同约定和建设单位管理制度等及时组建项目监理机构，任命总监理工程师，配置总监理工程师代表和专业监理工程师，健全吊装工程项目管理监理单位的组织管理体系，明确总监理工程师、总监理工程师代表、设备专业监理工程师、HSE专业监理工程师的监理责任、工作边界和具体负责人，以及各自的岗位工作职责。

3.3.3 吊装单位组织管理体系

在吊装工程项目管理的项目准备阶段，吊装单位作为吊装工程项目的具体实施者和责任主体，应根据相关法律法规、合同约定和建设单位管理制度等及时组建项目经理部、任命项目经理，配置项目经理部施工经理、技术负责人、安全经理等主要管理人员，健全吊装工程项目管理吊装单位的组织管理体系，明确项目经理、施工经理、技术负责人、安全经理、质量经理、经营经理、物资经理、机械工程师、专职安全员、专职质检员等的主体责任、工作边界和具体负责人，以及各自的岗位工作职责。吊装单位项目管理组织架构图示例见图 3-4。

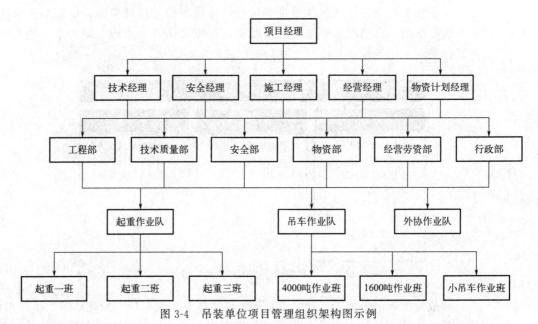

图 3-4　吊装单位项目管理组织架构图示例

吊装单位项目主要管理人员除掌握相关工作的理论知识、具有丰富的实践经验外，还应持有相关法律法规规定的有效证书。主要管理人员的任命文件、个人工作履历、工作业绩，相关证书应符合建设单位的管理要求且分工明确、岗位职责清晰。

3.3.4　其他相关单位组织管理体系

施工总承包单位、起重机械租赁单位（如有）、起重机械安装单位（如有）、起重机械检测验收单位（如有）和 PMC 第三方管理单位（如有）应根据相关法律法规、合同约定和建设单位管理制度，结合本单位管理要求及时配置具有相应资质和工作能力的人员，健全组织管理体系。

3.4　组织绩效管理

组织绩效管理的核心目的有两个，一是帮助管理者通过绩效数据发现组织效能低下的原因，促进组织变革、提升组织效能；二是帮助管理者通过绩效数据发现组织中个体工作效能的差异，通过绩效考核、激发组织活力，使组织总体业绩越来越好，获得持续提升。

在吊装工程项目管理的实施阶段，建设单位、监理单位、吊装单位均应对各自的组织绩效进行管理。同时，建设单位作为工程项目的总组织者、总领导者，有责任提示、帮助和监督监理单位、吊装单位等相关参与方做好组织绩效管理，并对其主要管理人员进行绩效管理。组织绩效管理的工作条件、方法与工具、工作成果见图 3-5。

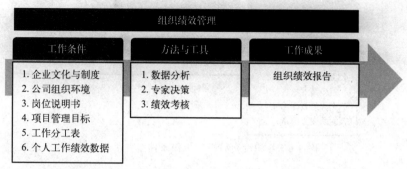

图 3-5　组织绩效管理的工作条件、方法与工具、工作成果

（1）组织绩效管理的主要工作应包括（但不限于）的内容

① 确定组织绩效目标。

② 制定组织工作计划与工作目标分解。

③ 部署并执行工作计划。

④ 工作效能检查。

⑤ 评价工作绩效。

⑥ 进行绩效考核。

⑦ 制定绩效改进方案。

⑧ 持续提升工作绩效。

（2）组织绩效报告应包括（但不限于）的内容

① 组织整体绩效说明。

② 组织工作绩效评估表。

③ 个人工作绩效评估表。

④ 个人绩效考核通知单。

⑤ 组织绩效改进建议与措施。

3.5　组织变更管理

工作高效开展需要稳定且优秀的组织，但是，现实是组织内部的绩效考核和组织外部的环境影响都可能带来组织变更，因此，我们允许组织变更但尽量减少变更。在吊装工程项目管理的实施阶段，如果组织成员因升职、转岗、健康等原因不能正常履职，或者因团队成员的工作能力、工作态度不能胜任工作岗位要求，变更不可避免，项目管理者应依据变更程序积极开展组织变更管理。组织变更管理的工作条件、方法与工具、工作成果见图 3-6。

（1）组织变更应遵循的程序

① 提出组织变更申请。

② 主管部门组织相关人员开展组织变更评估报告、制定变更计划。

③ 相关部门进行会审。

图 3-6　组织变更管理的工作条件、方法与工具、工作成果

④ 报主管领导签批。

⑤ 领导签批后实施变更。

（2）组织变更应坚持的原则

① 不得因组织变更影响项目工作。

② 不得单方面擅自变更组织。对于未经建设单位同意擅自更换项目主要管理人员导致项目工作受到影响的恶意变更行为，建设单位应依据合同约定条款和管理制度对相关责任单位和责任人进行考核。

3.6　组织管理工作总结

在吊装工程项目管理的收尾阶段，项目管理者应对组织管理中的良好实践和失败案例进行收集和整理，分析组织管理的亮点、优点和不足，及时总结经验教训并提出改进建议，完善组织管理制度，形成组织管理工作总结，将组织管理的过程资产转化为历史资产。组织管理工作总结的工作条件、方法与工具、工作成果见图 3-7。

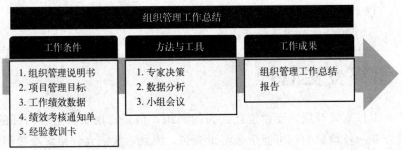

图 3-7　组织管理工作总结的工作条件、方法与工具、工作成果

组织管理工作总结报告应包括（但不限于）以下内容：

① 组织管理模式的执行效果。

② 组织结构设计与执行情况。

③ 各岗位的工作职责与执行情况。

④ 人员配置与工作分工的执行情况。

⑤ 人员入职条件与招聘计划的执行情况。

⑥ 承包商项目经理、施工经理、技术负责人、安全经理等主要负责人的履职与变更情况。

⑦ 组织绩效激励与执行效果。

⑧ 组织绩效考核情况。

⑨ 组织管理优化与改进建议。

3.7 解散组织

在吊装工程项目管理的收尾阶段，建设单位、监理单位、吊装单位应依据组织管理说明书，结合项目实际情况和本单位的管理需求，制定相应的员工安置计划，有序转岗和撤离，解散组织。解散组织的工作条件、方法与工具、工作成果见图3-8。

图 3-8　解散组织的工作条件、方法与工具、工作成果

（1）员工安置计划应包括（但不限于）以下内容

① 拟采用的组织解散策略。包括转岗、调离、解除合同等。

② 组织解散的条件。应对不同岗位人员解散的条件进行说明。

③ 组织解散计划。

④ 组织解散需要的资源。如资金资源。

（2）解散组织的要求包括（但不限于）以下内容

① 解散组织前，管理者应做好关键员工的沟通，保证员工情绪稳定，避免出现较大的对抗。

② 监理单位和吊装单位的员工安置计划应获得建设单位认可与批准，不得单方面撤离人员。

③ 监理单位和吊装单位的人员转岗与撤离不得影响相关工作的正常开展，尤其是监理单位的总监理工程师和总监理工程师代表，吊装单位的项目经理、技术负责人、施工经理、安全经理等主要管理人员，必须得到建设单位同意后方可撤场。

第4章
设计管理

对于工程建设项目而言，设计是龙头，是一切工作开展的基础。如果设计工作滞后或者相关专业的设计进展不协同，都将为工程建设项目的施工组织带来巨大的影响。吊装工程设计管理是指对与吊装工程有关联的设计工作进行计划、组织、沟通、协调和控制等一系列活动的总称。设计管理贯穿于大型设备吊装工程项目管理的启动阶段、准备阶段、实施阶段和收尾阶段，主要工作内容包括设计管理策划、收集设计资料、更新设计资料、优化设计方案、管理设计、设计变更管理和设计管理工作总结等。

4.1　设计管理策划

在吊装工程项目管理的启动阶段，建设单位在组织管理体系建立完成之后，相关负责人应根据公司的企业文化与制度、组织环境、相关部门工作职责分工表、企业历史资产、行业经验等，对吊装工程项目全生命周期的设计管理工作进行详细策划，并形成设计管理说明书。设计管理策划的工作条件、方法与工具、工作成果见图 4-1。

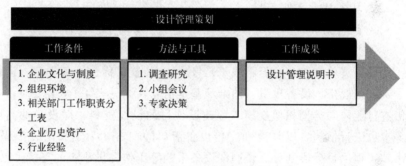

图 4-1　设计管理策划的工作条件、方法与工具、工作成果

设计管理说明书的主要内容应包括（但不限于）以下。

① 设计管理的工作任务。如设计进度管理，图纸管理，吊耳吊盖设计、校核与发布管理，设计问题反馈与处理管理，设计方案优化管理等。

② 设计管理的工作要求。如设计进度、设计质量的工作要求等。

③ 设计管理的工作程序。如设计变更的申请与审定程序，设计问题的反馈与处理程序等。

④ 设计管理的工作流程。如设备图纸与技术文件接收、发布、存档流程，吊耳吊盖设计、校核流程，设计变更资料接收、发布、归档、执行流程。

⑤ 设计管理的沟通方式。如电话沟通、邮件沟通、函件沟通、面对面沟通（正式或非正式）、会议（专题交流会、设计交底会、设计方案专家论证会）等。

⑥ 设计管理工作总结的要求。

4.2　收集设计资料

在吊装工程启动阶段，建设单位吊装专业管理人员应与设计管理部门建立良好的沟通渠道，依照设计管理说明书定期或不定期进行设计工作交流，参加设计会议，了解设计图纸交付计划，关注设计图纸出图进度，及时收集总平面布置图、设备制造图等设计资料，并建立设计资料台账和设备清单。收集设计资料的工作条件、方法与工具、工作成果见图4-2。

图 4-2　收集设计资料的工作条件、方法与工具、工作成果

设计资料应包括以下内容：
① 设备制造图。
② 相关技术文件。
③ 设备附属设施图纸（如绝热、电气、劳动平台、管线等）。
④ 图纸台账等。

设备清单应包含（但不限于）：序号、装置名称、设备类型、设备名称、设备位号、设备规格、设备重量、图纸等基本信息，详见表4-1。必要时，可以通过调研和借鉴行业内同类型相似规模工程建设项目的设计资料，对设备的高度、直径、重量等参数进行估算，以补充和完善设备清单的内容，为定义吊装工程项目管理范围、吊装工程项目标段划分、长周期设备采购等工作提供积极的支持。

表 4-1　设备清单示例

序号	装置名称	设备类型	设备名称	设备位号	设备规格 /mm	设备重量/t	图纸情况	备注
1								
2								
……								

设备类型可以分塔器、反应器、换热器、加热炉、罐、反应釜等；图纸情况主要标识设备参数的来源或准确性，如"无图"代表设备参数是估算而来，"白图"代表设备参数仍存在不确定性，"蓝图"代表设备参数具有较高的准确性。

4.3　更新设计资料

在吊装工程准备阶段，建设单位吊装专业负责人应与设计管理部门进行良好沟通，关注大型设备的设计出图情况，随着设计工作的深入开展，设备的重量、规格等相关参数渐进准确，及时更新设计资料，形成 2.0 版大型设备基本信息表，见表4-2。更新设计资料的工作条件、方法与工具、工作成果见图4-3。

表 4-2   2.0版大型设备基本信息表

序号	装置名称	设备类型	设备名称	设备位号	设备规格/mm	设备重量/t	图纸情况	备注
1								
2								
……								

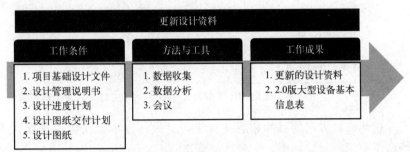

图 4-3   更新设计资料的工作条件、方法与工具、工作成果

（1）更新设计资料的依据应包括以下的内容

① 项目基础设计文件。

② 设计管理说明书。

③ 项目管理范围。

④ 设计进度计划。

⑤ 设备图纸交付计划。

⑥ 设计图纸。

（2）更新设计资料应包括（但不限于）以下的内容

① 工程建设项目总平面布置图。

② 装置平面布置图。

③ 道路及竖向图。

④ 设备制造图。如参考图、技术协议图、询价图、订货图、白图、蓝图等。

⑤ 设备附属设施图。如绝热、电气、劳动保护、设备附属管线等。

⑥ 相关图纸。如相关区域内地下管道、设备基础、构（建）筑物、钢结构、电气接地等布置图纸。

2.0版大型设备基本信息表的内容与1.0版大型设备基本信息表相同，设备参数相对更为准确，可以为吊装参数设计提供更为可靠的依据。

4.4 优化设计方案

在吊装工程项目管理的准备阶段，如有必要，吊装单位可依据经评审的施工组织总设计、施工组织设计、吊装作业专项施工方案等文件对设计方案提出优化建议。建设单位应将经监理单位确认的优化意见反馈给设计院，由设计院研究决定最终方案。优化设计方案的工作条件、方法与工具、工作成果见图 4-4。

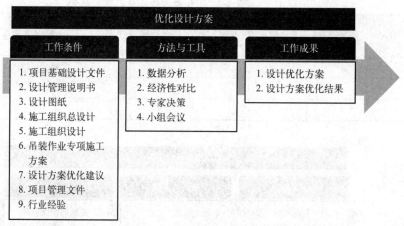

图 4-4 优化设计方案的工作条件、方法与工具、工作成果

优化设计方案的目的和意义在于通过设计方案优化促进进度、质量、投资和现场施工组织的最佳匹配，实现项目管理目标。

4.5 管理设计

管理设计是指通过制定和应用相关激励政策，促使设计进度满足项目管理目标的需要，提高设计质量，保证设计过程不出错误、不漏项的一系列管理活动的统称，属于设计成本框架中的一致性工作。管理设计的工作条件、方法与工具、工作成果见图 4-5。

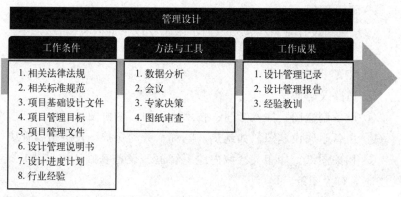

图 4-5 管理设计的工作条件、方法与工具、工作成果

设计报告的信息应包含（但不限于）以下内容：

① 设计进度计划执行情况。重点说明设计与采购、施工的衔接，以及是否满足项目管理目标的需要。

② 设计质量情况说明。

③ 团队成员反馈的全部设计问题及处理结果。

④ 避免出现类似设计问题的改善建议。

4.6　设计变更管理

在吊装工程项目管理的实施阶段，建设单位应对设计变更进行控制。当变更不可避免时，应按照相应的变更程序进行设计变更，及时接收、发布设计变更信息，向吊装单位发放设计变更文件。设计变更管理的工作条件、方法与工具、工作成果见图 4-6。

图 4-6　设计变更管理的工作条件、方法与工具、工作成果

产生设计变更主要有以下原因：
① 重大方案调整。
② 设计错误。
③ 设计漏项。
④ 设计优化。
⑤ 设计工作范围调整。

吊装单位应关注设计变更信息，及时接收设计变更文件，并建立台账进行登记管理，以防止信息不对称或者遗忘造成工作错误。

4.7　设计管理工作总结

在吊装工程项目管理的收尾阶段，项目管理者应对设计管理中的良好实践和失败案例进行收集和整理，分析设计管理的亮点、优点和不足，及时总结经验教训并提出改进建议，完善设计管理制度，形成设计管理工作总结报告，将设计管理的过程资产转化为历史资产。设计管理工作总结的工作条件、方法与工具、工作成果见图 4-7。

设计管理工作总结报告应包括（但不限于）以下内容：
① 设计管理目标的实现情况。
② 设计进度计划执行情况。
③ 设计质量情况。
④ 设计变更控制及执行情况。
⑤ 设计管理工作的建议。
⑥ 其他经验和教训。

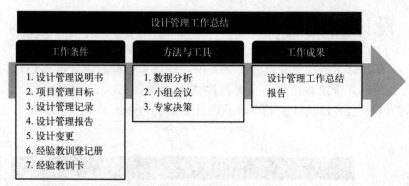

图 4-7　设计管理工作总结的工作条件、方法与工具、工作成果

第5章
范围管理

项目范围管理包括确保项目做且只做所需的全部工作，以成功完成项目的各个过程。对吊装工程项目管理而言，范围管理包括确保做且只做所需的全部工作，以成功完成吊装工程的各个过程。主要工作包括范围管理策划、定义范围、范围控制、范围变更管理、范围确认和范围管理工作总结。

5.1 范围管理策划

在吊装工程项目管理的启动阶段，组织体系建立后，相关负责人应在充分调研行业成功经验的基础上，结合自身项目的规模、特点和管理目标、企业文化与制度、基础设计资料、设备清单等，对吊装工程项目全生命周期的范围管理工作进行详细策划，并形成范围管理说明书。范围管理策划的工作条件、方法与工具、工作成果见图 5-1。

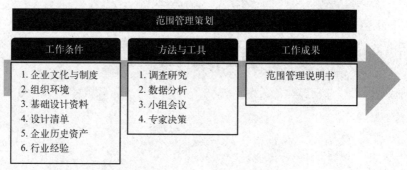

图 5-1 范围管理策划的工作条件、方法与工具、工作成果

范围管理说明书应包括（但不限于）以下主要内容：

① 定义范围。如定义范围的依据、范围基准、工作界面等。

② 范围控制原则。如建立范围控制制度、程序和指南，以方便在准备阶段和实施阶段有序开展工作。

③ 范围变更的条件与程序。

④ 范围确认制度、程序以及工作模板。

⑤ 范围管理工作总结的要求。

5.2 定义范围

定义范围是制定吊装工程项目详细工作描述的过程。主要任务在于确定哪些工作应该包括在项目内，哪些不应该包括在项目内。项目管理者在定义范围后，应制定吊装工程项目管理的范围基准。定义范围的工作条件、方法与工具、工作成果见图 5-2。

（1）定义范围的主要依据应包括（但不限于）以下内容

① 企业文化与制度。

② 组织环境。

③ 项目管理目标。

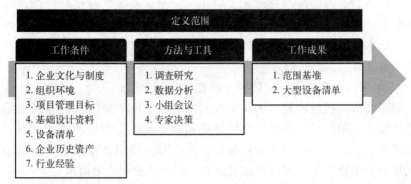

图 5-2 定义范围的工作条件、方法与工具、工作成果

④ 基础设计资料。

⑤ 设备清单。

⑥ 企业历史资产。

⑦ 行业经验。

（2）范围基准应包括（但不限于）的内容

① 主体工作范围。

② 工作内容。

③ 工作界面。

（3）定义范围需要注意的事项应包括（但不限于）以下内容

① 定义主体工作范围时应做到具体化和数字化，便于合同的执行，避免争议。如恒力石化、浙石化一期、浙石化二期将净重量大于等于 80t 的设备定义为大型设备单独划分标段，而盛虹炼化和山东裕龙石化则将净重量大于等于 200t 的设备或模块定义为大型设备单独划分标段。设备或模块泛指塔器、反应器、反应釜、模块及构件（不含管线）等有单一设备位号的静设备，重量以设计蓝图纸标定的本体净重量为准（不含劳动保护、附属管线、绝热等重量）。

② 定义工作内容时应做到科学、全面，不扩大、不缺项。如某炼化一体化项目吊装工程项目合同中对吊装单位的工作内容约定为：

a. 负责大型设备吊装工程施工组织总设计、单台设备吊装方案、大型吊装机械现场安拆方案、临时清障方案、吊装地基加固处理方案等技术方案的编制和报审，并根据需要组织专家论证。

b. 负责标段范围内大型设备吊耳吊盖设计，并满足设备制造进度的需要。

c. 负责大型设备摆放区域、吊车组装和站位区域、吊车移位区域及行走道路等临时地基处理工作。

d. 负责组织吊装机械进场、组装、移位、转场、使用、停置、退场等工作。

e. 负责吊装机械使用前报验、准用许可手续办理和商业保险办理等工作。

f. 负责大型设备到场后吊耳吊盖的复检委托（检测工作由建设单位指定的第三方检测单位负责）。

g. 负责按照已经批准或通过专家论证的施工方案，将标段内大型设备吊装就位。

h. 负责标段内大型设备二次倒运卸车及装车的吊装工作。

i. 负责标段内所涉及的施工组织、安全、质量、进度、资源、施工文件等内容进行全面管理。

j. 服从建设单位统一指挥，配合施工总承包商进行其他设备及组件装卸车组焊及安装工作。

③ 定义工作界面时应做到工作接口设置全面、系统、清晰。工作接口无缝衔接是项目高效开展的基础，如前文提到的吊装单位负责大型设备到场后吊耳吊盖二次复检委托，但吊耳吊盖焊口处的打磨和脚手架搭设等辅助工作谁负责，以及吊装地基处理用料供应界面，设备到达装置后临时支墩和鞍座摆放、撤离和回收界面时的吊装作业谁负责等。接口都需要进行全面、系统和清晰的定义。

定义范围后，建设单位项目管理者应依据范围基准和设备清单将符合条件的设备筛选出来形成大型设备清单，为吊装标段划分和后续管理奠定基础。大型设备清单应包含装置名称、设备类型、设备名称、设备位号、设备规格、设备重量、图纸情况等基本信息，见表 5-1。

表 5-1　×××项目大型设备清单示例

序号	装置名称	设备类型	设备名称	设备位号	设备规格/mm	设备重量/t	图纸情况	备注
1								
2								
……								

5.3　范围控制

范围控制是维护范围基准，监督吊装工程项目范围状态的过程。在吊装工程准备阶段，控制主体工程量的范围基准是范围控制的重点工作，项目管理者应尽可能保持范围基准的相对稳定。范围控制的工作条件、方法与工具、工作成果见图 5-3。

图 5-3　范围控制的工作条件、方法与工具、工作成果

（1）吊装工程项目范围控制的基准应包括（但不限于）的内容

① 专项施工方案编制、报审、专家论证、备案等工作的范围基准。

② 设备吊耳吊盖设计、校核、制作、一次检测的范围基准。

③ 吊装作业区域地基加固处理工作及材料供应的范围基准。

④ 吊车转场道路加固处理的范围基准。

⑤ 设备到场临时摆放区域场地加固处理的范围基准。

⑥ 设备到达临时摆放位置后卸车作业的范围基准。

⑦ 设备到场后吊耳吊盖二次复检委托及辅助工作的范围基准。

⑧ 吊装机械、吊装索具提供的范围基准。

⑨ 设备吊装作业施工组织的范围基准。

⑩ 吊装作业区域内障碍物清理的范围基准。

⑪ 设备临时摆放需要的支墩、鞍座、钢板等支撑性构建供应、摆放、撤离和回收的范围基准。

（2）吊装工程项目范围控制的原则应包括（但不限于）的内容

① 坚持准确性原则。在吊装工程的准备阶段，随着设计工作的深入开展，设备及附属部件的参数渐进准确，设备本体重量也会随之发生变化。临近范围基准的设备会因重量增加而进入管理界面之内，也会因为重量减轻而从管理界面之内移除，这种浮动会给吊装工程项目管理的总体策划与部署带来极大的不确定性，为了保证工作的稳定性，吊装工程项目范围控制必须坚持准确性原则。

例如，盛虹炼化 1600 万吨/年炼化一体化项目，2019 年 5 月合同招标时，依据基础设计资料并借鉴同类型装置设备参数预估净重量大于等于 200 吨的大型设备 160 台，之后随着设计工作的深入开展和设备参数的细化，大型设备数量在项目的推进过程中不断发生变化，由最初的 160 台一度上升至 200 台，最终以 184 台收官，其变化过程详见图 5-4。

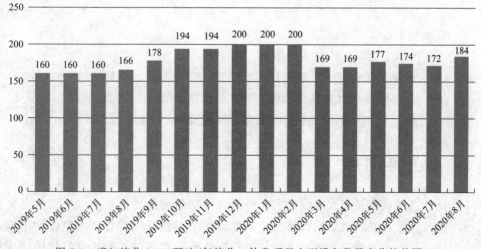

图 5-4 盛虹炼化 1600 万吨/年炼化一体化项目大型设备数量变化柱状图

② 坚持及时性原则。在接收到详细的设计资料后，建设单位吊装工程项目管理者应依据范围基准及时更新大型设备清单，并将大型设备清单和相关设计资料发送给监理单位、吊装单位和施工总承包单位。

5.4　范围变更管理

当项目环境发生变化，范围变更往往不可避免。在吊装工程项目管理的实施阶段，项目管理者一方面要尽最大可能减少范围变更，另一方面当不得不进行变更时应及时按照管理程序进行范围变更，以确保各项工作的连续与稳定。范围变更管理的工作条件、方法与工具、工作成果见图 5-5。

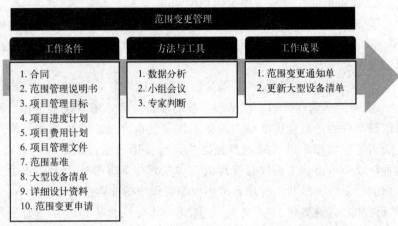

图 5-5　范围变更管理的工作条件、方法与工具、工作成果

在吊装工程项目实施阶段，受吊装资源的配置情况、项目进度需求等各种因素的影响，需要对吊装工程的范围进行变更处理。建设单位作为工程建设项目的投资者、受益者、统筹者和总组织者，有义务在符合各方利益的基础上做出范围变更决策，及时协调各方关系、化解矛盾、解决问题，以实现建设单位、吊装单位和施工总承包单位多方共赢。

范围变更应坚持以下原则：

① 坚持"有利于工程项目进度加快、质量提高、投资节约"的原则。

② 坚持"多方共赢、总体有利"的原则。

③ 坚持"对相关方利益损害最小"的原则。

5.5　范围确认

范围确认是正式验收已完成的项目可交付成果的过程。本过程的主要作用是通过每一个可交付成果的及时确认，提高整个工程最终获得顺利验收的可能性，为费用支付、工作绩效评价和合同关闭提供依据。在吊装工程项目管理的实施阶段，项目管理者应及时对与吊装工程有关的所有可交付成果进行验收确认。范围确认的工作条件、方法与工具、工作成果见图 5-6。

（1）验收可交付成果的依据应包含（但不限于）的内容

① 合同。

② 范围管理说明书。

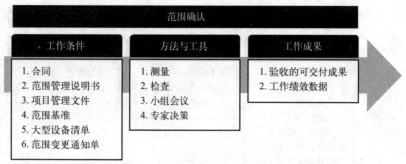

图 5-6　范围确认的工作条件、方法与工具、工作成果

③ 项目管理文件。

④ 范围基准。

⑤ 大型设备清单。

⑥ 范围变更通知单。

（2）吊装工程项目需要验收的可交付成果应包括（但不限于）的内容

① 吊耳吊盖设计图、计算书。

② 获得批准或专家论证的专项施工方案。应包括施工组织总设计、施工组织设计、吊装作业专项施工方案、吊装地基加固处理专项施工方案、吊装地基强度和稳定性检试验方案、大型吊车安拆专项施工方案、吊耳吊盖复检专项施工方案等。

③ 检试验合格的吊装地基。

④ 已吊装就位的主体工作量。主体工作量确认应包括分项工程完工验收单、单位工程完工验收单、单项工程竣工验收单。分项工程完工验收单以单台设备吊装为对象进行验收，单位工程完工验收单以装置或单元设备吊装为对象进行验收，单项工程竣工验收单以标段或合同设备吊装为对象进行验收。

5.6　范围管理工作总结

在吊装工程项目管理的收尾阶段，项目管理者应对范围管理中的良好实践和失败案例进行收集和整理，分析范围管理的亮点、优点和不足，及时总结经验教训并提出改进建议，完善范围管理制度，形成范围管理工作总结报告，将范围管理的过程资产转化为历史资产。范围管理工作总结的工作条件、方法与工具、工作成果见图 5-7。

范围管理工作总结报告应包括（但不限于）以下主要内容：

① 范围管理目标的实现情况。

② 范围基准的执行情况。

③ 范围变更及执行情况。

④ 范围管理工作的建议。

⑤ 其他经验和教训。

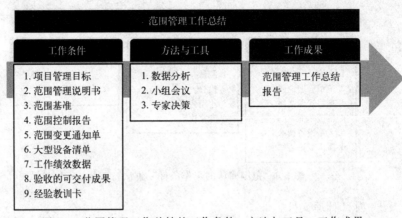

图 5-7 范围管理工作总结的工作条件、方法与工具、工作成果

第6章
采购管理

采购管理是指从项目团队外部采购或获取所需产品、服务或成果的各个过程。吊装工程采购管理涉及大型设备制造商采购管理、吊装工程服务商采购管理和相关物料产品供应商采购管理等。本章仅对与吊装工作组织关联密切的采购活动进行阐述，主要工作包括采购管理策划、招投标、优化设备制造计划、设备监造、设备催交、采购变更管理、采购管理工作总结。

6.1 采购管理策划

在吊装工程项目管理的启动阶段，建设单位应进行采购管理策划。采购管理策划的主要任务是识别并确定在什么时间、以什么形式从项目外部获取什么样的产品或服务。采购管理策划完成后应形成采购管理说明书，采购管理策划的工作条件、方法与工具、工作成果见图6-1。

采购管理策划		
工作条件	方法与工具	工作成果
1. 企业文化与制度 2. 公司组织架构 3. 项目范围与工作清单 4. 项目管理目标 5. 项目进度计划 6. 产品或服务需求计划 7. 供应商管理平台 8. 组织历史资产 9. 行业经验	1. 调查研究 2. 数据收集 3. 数据分析 4. 小组会议 5. 专家决策	采购管理说明书

图 6-1　采购管理策划的工作条件、方法与工具、工作成果

采购管理说明书应包括（但不限于）以下主要内容：

① 采购策略。在采购管理策划之初应该明确采购策略，规定采购方式，如公开招标、邀请招标，还是竞争性谈判、询比价采购、单一来源采购等；明确合同支付类型，如综合单价、固定总价等、成本加激励等。大型设备吊装工程服务合同一般采取邀请招标。

② 标段划分原则。设备制造商采购标段划分宜按工艺装置打包划分标段，依据优势选择制造商，大型设备不宜过度集中于一家或少数几家制造商，否则会给制造和产品交付带来压力，影响项目进度。大型设备吊装工程服务合同宜按照"**工作量适中、工作量均衡、区域设置合理施工高效、专项工作合并费用节约**"的原则，结合行业优秀经验科学合理划分标段。工作量适中是指单个标段的工作量不宜过大也不宜过小，标段过大潜在承包商"吃不下"会导致资源配置受限满足不了项目需要，标段过小潜在承包商"吃不饱"会导致缺乏资源投入的积极性，影响项目进度，因此吊装标段过大或过小都存在风险；工作量均衡是指不同标段的工作量要相对均衡，潜在服务商既能互相合作、又能互相竞争；区域合理是指标段设置在总平面区域布置上应尽量就近，避免一个标段内的吊装资源频繁转场，人为造成浪费；专项工作合并是指对于需要特殊机具的专项工作尽量合并在一个标段，以减少因为标段划分

不合理而造成吊装机具的频繁入场，造成投资浪费，比如大型液压提升系统等。

③ 招投标组织程序。招投标程序应结合企业情况依法合规组织。

④ 服务商、制造商准入条件。确定设备制造商的准入条件时，应充分考虑潜在中标人的技术能力、制造产能、产品交付能力、行业业绩、履约能力和社会声誉等；确定吊装工程服务商准入条件时，应充分考虑潜在中标人的自有资源、技术能力、管理水平、行业业绩、履约能力和社会声誉等。

⑤ 采购计划。采购计划包含采购过程中开展的各种活动。采购计划除了明确重要采购活动的时间节点，还应对可能影响采购工作的制约因素和假设条件进行说明。

⑥ 优化设备制造与可交付计划方案。

⑦ 设备监造方案。

⑧ 设备催交方案。

⑨ 采购变更的条件与程序。

⑩ 采购管理工作总结要求。

从某种意义上讲，采购策略直接决定了采购工作质量，而采购工作质量将决定项目执行的效果。所以，采购管理策划工作非常重要，必须做到科学、合理，必须适当考虑后期项目施工组织的需求。可以说，项目执行效果的好坏，在制定采购策略之时就已经理下了伏笔，在招投标结束之时就基本定型，在项目执行之时只是因果的显化。

6.2 招投标

在吊装工程项目管理的启动阶段，建设单位应依据相关法律法规、企业制度、产品或服务需求计划和采购管理说明书组织招投标工作，并选择优秀的吊装单位和设备制造服务商。招投标的工作条件、方法与工具、工作成果见图6-2。

图 6-2　招投标的工作条件、方法与工具、工作成果

招投标工作分为招标、投标、开标、评标、中标五个环节，如图 6-3 所示。招投标工作必须遵循公平、公正、公开和诚实信用原则。

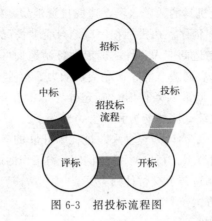

图 6-3　招投标流程图

6.2.1　招标

在吊装工程启动阶段，建设单位应根据采购策划说明书进行招标立项申请，编写招标技术协议书、招标计划、招标文件、发布招标信息、确定投标人名单、组织投标人进行技术交流和现场踏勘等，依法依规开展吊装服务商的招标工作。

招标立项申请的主要内容包括招标的项目名称、项目内容、项目概算金额、工期、对投标人的基本要求（如资质、规模、业绩、财务报表等），以及采购需求审批文件等。

招标文件的主要内容包括技术条款，商务条款，预算分析表（单独提供），参标供应商准入资质。明确报价方式、计价原则和报价要求等。

招标信息，招标人采用公开招标方式的，应当发布招标公告；招标人采用邀请招标方式的，应当向三个以上具备承担招标项目能力、资信良好的特定的法人或者其他组织发出投标邀请书。无论是招标公告还是招标邀请书，都应当载明招标人的名称、地址、招标项目性质、数量、实施地点和时间，以及获取招标文件的办法等事项。

招标人应对响应招标的投标商进行资格预审，确定投标人名单。资格预审的内容包括但不限于以下内容：企业资质，以往业绩和过去履行类似合同的执行情况，设备和工厂方面的承担能力，响应工作招标文件的工作方法和工作计划，财务状况的稳定性、关键人员的资质、可用性和胜任力，其他重大风险事项。

鉴于大型设备吊装作业具有危险性高、专业性强等特点，结合大型吊装装备的稀缺性、吊装技术的成熟性和吊装作业管理的规范性等特点，行业内多采用邀请招标的方式确定潜在投标人，并从中选择价格合理、实力雄厚、技术先进、资源丰富、业绩丰富、履约能力强、社会信誉度高的服务商作为中标人，并与其签订合同。

6.2.2　投标

参加投标的投标人应承认并履行招标文件中的各项规定和要求，并依据招标文件要求编写投标文件，在规定时间内向招标人提供投标文件。投标文件分正本、副本，并注明有关字样，评标时以正本为准。投标文件应包括下列资料：

① 营业执照副本原件；

② 税务登记证副本原件；

③ 法定代表人证明；

④ 法人授权委托书；

⑤ 资信、资质证明；

⑥ 企业以往类似工程业绩表；

⑦ 拟派出的项目负责人与主要技术人员的简历、个人工作业绩；

⑧ 拟投采用的重要施工工艺、方法；

⑨ 拟投入本项目的重要机械设备等资源，以及总体工作计划；

⑩ 招标人认为应当提供的其他证明文件；

⑪ 投标保证金。

所有投标文件应在规定的投标截止时间之前，按统一格式密封送达或邮寄到投标地点，过期不予受理。在投标截止之前，招标人允许对已提交的投标文件进行补充或修改，但须投标人授权代表签字后方为有效。在投标截止后，投标文件不得修改。招标人对不可抗力造成的投标文件遗失、损坏不承担责任。凡与招标文件要求不符、内容不全的投标文件，视为无效。

6.2.3 开标

开标，应当由招标人主持，邀请所有投标人参加，在招标文件确定的提交投标文件截止时间的同一时间公开进行。开标地点应为招标文件中预先确定的地点。

开标时，投标人或者其推选的代表应对投标文件的密封情况进行检查，确认无误后，由工作人员当众拆封，宣读投标人名称、投标价格和投标文件的其他主要内容。

开标过程应当记录，并存档备查。

投标人在开标后要求撤销投标的，须以书面形式提出理由，并由招标人扣除投标保证金。

6.2.4 评标

评标由招标人依法组建的评标委员会负责。评标委员会由招标人的代表和有关技术、经济方面的专家组成，成员人数为五人以上单数，其中技术、经济等方面的专家不得少于成员总数的三分之二。与投保人有利害关系的人不得进入相关项目的评标委员会，已进入的应当更换。

招标人应当采取必要的措施，保证评标在严格保密的情况下进行。任何单位和个人不得非法干预、影响评标的过程和结果。

评标委员会应当按照招标文件确定的评标标准和方法，对投标文件进行评审和比较；设有标底的应当参考标底。评标委员会完成评标后，应当向招标人提出书面评标报告，推荐合格的中标候选人。评标委员会推荐的中标候选人应当限定在 1～3 人，对每个中标候选人的优势、风险等评审情况进行说明。

如果评标委员会经评审，认为所有投标都不符合招标文件要求的，可以否决所有投标。依法必须进行招标的项目的所有投标被否决的，招标人应当依法重新招标。

对于吊装工程而言，投标人的资质、自有装备情况、技术能力、管理水平、类似工程业绩、履约能力、社会信誉等都是非常重要的评价因素。

6.2.5 中标

招标人应当接受评标委员会推荐的中标候选人，并根据评标委员会提出的书面评标报告和推荐的中标候选人确定中标人，不得在评标委员会推荐的中标候选人之外确定中标人。依法必须进行招标的项目，招标人应当确定排名第一的中标候选人为中标人。排名第一的中标候选人放弃中标、因不可抗力提出不能履行合同，或者招标文件规定应当提交履约保证金而未在规定的期限内提交的，招标人可以确定排名第二的中标候选人为中标人。排名第二的中标候选人因上述原因同样不能签订合同的，招标人可以确定排名第三的中标候选人为中标人。招标人也可以授权评标委员会直接确定中标人。

中标人确定后，招标人应当向中标人发出中标通知书，并同时将中标结果通知所有未中标的投标人。中标人的投标应符合下列条件之一：

① 能够最大限度地满足招标文件中规定的各项综合评价标准；

② 能够满足招标文件的实质性要求，并经评审的投标价格最低，但是投标价格低于成本的除外。

在确定中标人前，招标人不得与投标人就投标价格、投标方案等实质性内容进行谈判。评标委员会成员不得私下接触投标人，不得收受投标人的财物或者其他好处。评标委员会成员和参与评标的有关工作人员不得透露对投标文件的评审与比较、中标候选人的推荐情况以及与评标有关的其他情况。

6.3 优化设备制造与可交付计划

在吊装工程项目管理的准备阶段，建设单位应依据工程建设项目的总体部署、吊装单位的施工组织设计、采购合同约定的设备交付计划，以"现场组织最有利"为原则，与设备制造商进行充分沟通，以结果为导向优化设备制造与可交付计划。优化设备制造与可交付计划的工作条件、方法与工具、工作成果见图6-4。

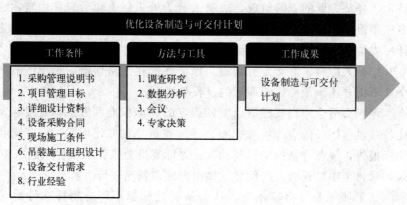

图 6-4 优化设备制造与可交付计划的工作条件、方法与工具、工作成果

在大型集群式工程建设项目中，由于项目规模大、装置多、设备数量和品类多，为了提高采购效率，往往以装置或者设备类型为单位进行打包采购，设备交付日期往往以时间区间进行约定。从单个设备采购包看似乎很科学合理，也很完美，但是把整个项目设备采购包汇总到一起，站在项目整体的角度看，就会发现诸多问题：

第一，从任务分配上看，会出现一套装置的设备由一家制造厂负责、一套装置的设备由多家制造厂负责和一家制造厂同时负责多套装置设备制造等，导致个别制造服务商的任务过重，超过自身的合理产能，不能按期交付产品。

第二，从设备交付计划上看，某一个时间点设备将从不同的制造厂家集中到达现场，会出现同一天交付十几台甚至几十台设备的现象，给现场码头接卸、运输、安装造成巨大压力，从实际操作的角度是不可能实现的。

第三，制造厂面对多套装置的多个采购包无法合理安排制造工位、资金和人力资源，甚至出现制造进度与现场需求矛盾的情况。例如某项目中的装置 A 在关键路径上，投产早、工期紧，而装置 B 不在关键路径上，投产晚、工期慢。装置 A 和 B 的采购包里都有大型设备和一般设备，在现场施工组织上，装置 A 和装置 B 之间设备交付需求的紧急程度不一样，且装置 A 和装置 B 内的大型设备和一般设备交付需求的紧急程度也不一样，但是这些信息无法通过采购合同有效传递给制造厂。一方面，制造厂会主动选择制造条件好、交付难度低的设备优先制造，这样做的结果是，早制造的设备不一定是现场需要的，但它们却占用了制作工位、资金、人力资源，导致现场急需的设备无法及时制造交付。另一方面，装置 A 和装置 B 对本装置设备催交的力度和方式不一样，制造厂会优先制造催交力度大、催交方式好的装置 B 的设备，而影响了装置 A 的设备制造，这与项目整体目标产生矛盾。以上，设备制造交付与实际需求之间的矛盾会造成施工组织无序、工作效率低下、吊装资源浪费和投资成本增加等不良后果。

优化设备制造与交付计划的几点建议。

① 需要稀有大型吊装装备吊装、预留条件多、对项目建设影响大的核心设备应优先制造与交付。

② 先投产装置或关键路径上、关键装置内的设备应优先制造与交付。

③ 同一设备制造商的采购包中，重量重、高度高、直径大的设备应优先制造与交付。

④ 同一吊装作业区域内协同设备应与核心设备同批次制造、同步交付。

⑤ 除核心设备与协同设备外的一般设备应依据合同统筹制造与交付计划，必要时可以适当为核心设备协同设备让步。

通过提前策划、主动出击、有效沟通，优化设备制造与交付计划后，建设单位应与设备制造商签署设备制造与可交付计划（详见表 6-1），双方以此为基础，统一思想、统一步调，分头行动，各自开展工作。一方可以促使设备制造商把工位、人力、机械、资金、材料等有限资源集中到核心设备和协同设备的制造上；另一方面可以积极推动施工现场核心设备的运输道路、安装条件和穿衣戴帽材料的预制安装，经过协同推进，不仅能很好地引领设备制造，还可以实现设备"有序制造、有序交付、有序运输、有序吊装"的良好结果。

表 6-1 ×××项目设备制造与可交付计划示例

序号	装置名称	设备名称	设备规格/mm	设备重量	图纸情况	合同交货日期	期望交货日期	计划可交付日期	备注
1					蓝图				
2					蓝图				
......									

6.4 设备监造

在吊装工程项目管理的准备阶段，建设单位应配备设备监造人员，制定设备监造方案，对设备制造质量和进度进行监造。设备监造人员应及时发布设备监造信息，并定期报告设备监造情况。设备监造的工作条件、方法与工具、工作成果见图 6-5。

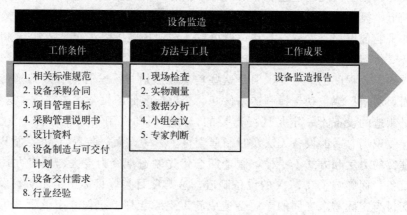

图 6-5 设备监造的工作条件、方法与工具、工作成果

（1）设备监造人员应做到的几点要求

① 监造人员应重点关注设备制造的质量和进度。

② 监造人员应优先关注核心设备和协同设备的制造进度和质量。

③ 监造人员应积极主动协调解决设备制造过程中发现的质量问题。

④ 监造人员及时发现并反馈影响设备制造进度的问题。如设计图纸问题、构配件供应问题、人力资源安排问题、资金筹备等问题。

（2）设备监造报告应包含（但不限于）的内容

① 监造的任务及目标完成情况概述。

② 设备制造进度情况说明。

③ 设备制造质量情况说明。

④ 设备制造商的人员、工位、工作组织等方面的情况说明。

⑤ 设备制造过程中出现的问题及解决办法。

⑥ 预防同类问题再次发生的建议。

⑦ 其他问题及建议。

6.5 设备催交

设备催交是工程建设项目的重要工作之一,其工作成果将直接影响吊装工程施工组织的效率和项目建设的进度。在吊装工程项目管理的实施阶段,建设单位应建立设备催交机制,配备设备催交人员,制定催交方案,积极高效地开展催交工作。设备催交的工作条件、方法与工具、工作成果见图6-6。

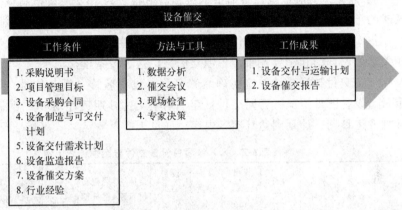

图6-6　设备催交的工作条件、方法与工具、工作成果

(1) 设备催交方案应包含(但不限于)的内容

① 设备催交目标。

② 设备催交工作依据。如项目管理目标、设备采购说明书、设备采购合同、设备制造与可交付计划、设备监造报告、设备交付需求计划等。

③ 设备催交方式与催交频度。催交方式包括办公室催交、会议催交和驻厂催交等形式。

④ 设备催交原则。如核心设备重点催交、协调设备同步催交、一般设备全面催交。

⑤ 催交组织与工作职责。

⑥ 催交人员配置与分工。

⑦ 其他需要说明事项。

(2) 设备催交人员的主要工作包括(但不限于)以下内容

① 熟悉采购合同及附件的内容。

② 根据设备的催交等级,制定催交计划,明确主要检查内容和控制点。

③ 要求供应商按时提供制造进度计划,并定期提供进度报告。

④ 检查设备供应商提交的图纸和资料的进度是否符合采购合同要求。

⑤ 督促供应商按计划提交有效的图纸和资料供设计审查和确认,并确保经确认的图纸、资料按时返回供应商。

⑥ 检查运输计划和货运文件的准备情况,催交合同约定的最终资料。

⑦ 按规定编制催交状态报告。真实报告设备的制造进度和计划交货期,避免到货计划的不真实造成现场吊装组织决策的失误,浪费吊装资源。

⑧ 依据合同约定的交货条件（状态、交货地点、交货标准）制定运输计划。计划内容包括运输前的准备工作、运输时间、运输方式、运输路线、人员安排和费用计划等。

⑨ 监督运输计划的执行，关注运输进度，沟通协调处理相关问题。

⑩ 落实接货条件、编制卸货方案，做好现场接货工作。设备运输至指定地点后，接收人员应对照送货清单、签收、注明设备到货状态及其完整性，并填写接收报告并归档。

⑪ 催交人员应依据设备监造信息和监造报告及时发现设备制造交付风险，进行及时的干预，确保设备按计划交付，并定期发布设备交付与运输计划。

每次设备催交，建设单位应与设备制造商签订设备交付与运输计划，并及时向相关单位、部门和领导发布设备催交信息，报告设备催交成果。

设备交付与运输计划应明确装置名称、设备名称、设备位号、设备规格、设备重量、设备图纸情况、合同交付日期、期望交付日期、计划可交付日期、运输方式、计划发运日期、计划到达日期等内容，详见表 6-2。

表 6-2 ×××项目设备交付与运输计划示例

序号	装置名称	设备名称	设备位号	设备规格/mm	设备重量/t	设备图纸情况	合同交付日期	期望交付日期	计划可交付日期	运输方式	计划发运日期	计划到达日期	备注
1						蓝图							
2						蓝图							
……													

6.6 采购变更管理

在吊装工程项目管理的实施阶段，如果项目环境发生重大变化、采购需求发生变化或原采购合同中止等情况发生，建设单位应依据新的采购需求和项目环境进行采购变更管理。采购变更管理的工作条件、方法与工具、工作成果见图 6-7。

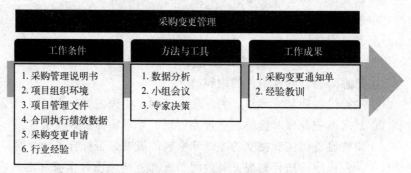

图 6-7 采购变更管理的工作条件、方法与工具、工作成果

采购变更管理应遵循以下程序：

① 提出采购变更申请。

② 主管部门组织相关人员开展采购变更评审并提出实施和控制计划。

③ 相关部门进行会审。

④ 报主管领导签批。

⑤ 主管领导签批后方可组织实施。

6.7　采购管理工作总结

　　在吊装工程项目管理的收尾阶段，项目管理者应对采购管理中的良好实践和失败案例进行收集和整理，分析采购管理的亮点、优点和不足，及时总结经验和教训并提出改进建议，完善采购管理制度，形成《采购管理工作总结报告》，将采购管理的过程资产转化为历史资产。采购管理工作总结的工作条件、方法与工具、工作成果见图 6-8。

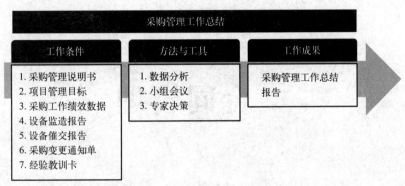

图 6-8　采购管理工作总结的工作条件、方法与工具、工作成果

采购管理工作总结报告应包括（但不限于）以下主要内容：

① 采购管理目标的实现情况。

② 采购进度计划执行情况。

③ 采购质量情况。

④ 采购变更控制及执行情况。

⑤ 采购管理工作的建议。

⑥ 其他经验和教训。

第7章
合同管理

建设单位和吊装单位均应建立项目合同管理制度，明确合同管理责任，设立专门的合同管理机构或人员负责合同管理工作。合同管理工作主要包括合同管理策划、合同订立、合同交底、合同管理、合同变更管理、合同关闭和合同管理工作总结。

7.1 合同管理策划

合同管理策划是确定合同文本、合同订立、合同执行、合同变更和合同关闭而进行合同管理说明的过程。本过程的主要作用是在整个吊装工程管理过程中对如何管理合同提供指南和方法。合同管理策划完成后应编制合同管理说明书和合同文本模板，合同管理策划的工作条件、方法与工具、工作成果见图7-1。

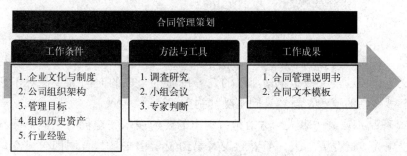

图 7-1　合同管理策划的工作条件、方法与工具、工作成果

合同管理说明书应包括（但不限于）以下主要内容：

① 合同管理目标。

② 合同订立的条件和程序。

③ 合同管理的原则和注意事项。

④ 合同交底的组织程序和要求。

⑤ 合同执行的程序和注意事项。包括争议处理、索赔处理、违约处理、合同中止等。

⑥ 合同变更管理的程序。

⑦ 合同关闭的条件及程序。

⑧ 设备监造方案。

⑨ 合同管理工作总结要求。

7.2 合同订立

合同的形式有口头合同、书面合同和经公证、鉴证或审核批准的书面合同等。在吊装工程项目管理的启动阶段，建设单位应与中标的吊装单位就吊装工程服务订立书面合同。合同订立的工作条件、方法与工具、工作成果见图7-2。

（1）合同订立一般要经过以下两个步骤

① 要约。当事人一方向他方提出订立合同的要求或建议。提出要约的一方称要约人。在要约里，要约人除表示欲签订合同的愿望外，还必须明确提出足以决定合同内容的基本条款（合同文本）。要约人可以规定要约承诺期限，即要约的有效期

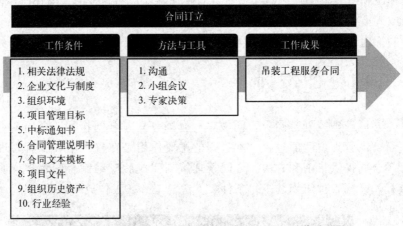

图 7-2　合同订立的工作条件、方法与工具、工作成果

限。在要约的有效期限内，要约人受其要约的约束，即有与接受要约者订立合同的义务；要约没有规定承诺期限的，可按通常合理的时间确定。对于超过承诺期限或已被撤销的要约，要约人则不受其拘束。

②承诺。当事人一方对他方提出的要约表示完全同意。同意要约的一方称要约受领人，或受要约人。受要约人对要约表示承诺，其合同即告成立，受要约人就要承担履行合同的义务。对要约内容的扩张、限制或变更的承诺，一般可视为拒绝要约而为新的要约，对方承诺新要约，合同即成立。

受要约人在向要约人做出承诺前，应对要约人提供的合同文本进行评审。以招标形式订立合同时，组织应对招标文件和投标文件进行审查、认定和评估。合同评审应包括以下内容：

① 合法性、合规性评审。

② 合理性、可行性评审。

③ 合同严密性、完整性评审。

④ 与吊装合同执行过程有相关要求的评审。

⑤ 合同风险评估。

⑥ 合同管理工作总结要求。

合同评审中发现的问题，应以书面形式提出，要求予以澄清或调整。组织应根据需要进行合同谈判，细化、完善、补充、修改或另行约定合同条款和内容。

在合同评审和谈判结果无异议后，招标人和中标人应按照程序和规定自中标通知书发出之日起三十日内，按照招标文件和中标人的投标文件订立书面合同。但招标人和中标人不得再订立背离合同实质性内容的其他协议。

招标人与中标人不得通过合同谈判改变原招标文件、投标文件的实质性内容或含有与国家现行法律法规相抵触的内容。招标人和中标人合同谈判的洽谈纪要（如有时）应作为合同的组成部分。

（2）订立合同应符合下列规定

① 合同订立应是组织的真实意思表示。

② 合同订立应采用书面形式，并符合相关资质管理与许可管理的规定。

③ 合同应由当事方的法定代表人或其授权的委托代理人签字或盖章；合同主体是法人或者其他组织时，应加盖单位印章。

④ 法律、行政法规规定需要办理批准、登记手续后合同生效时，应依照规定办理。

⑤ 合同订立后应在规定期限内办理备案手续。

设备采购合同与吊装工程服务合同签订后，建设单位吊装管理负责人应在《大型设备清单》的基础上建立大型设备基本信息表，内容应包括序号、装置名称、设备名称、设备位号、设备规格、设备重量、图纸情况、制造厂家、合同交付日期、吊装单位等信息，见表7-1。

表 7-1 ×××项目大型设备基本信息表样例

序号	装置名称	设备名称	设备位号	设备规格/mm	设备重量/t	图纸情况	制造厂家	合同交付日期	吊装单位	备注
1										
2										
……										

7.3 合同交底

在吊装工程项目管理的准备阶段，建设单位和吊装单位均应组织合同签订机构和合同谈判人员向合同执行部门进行合同交底。合同交底的工作条件、方法与工具、工作成果见图7-3。

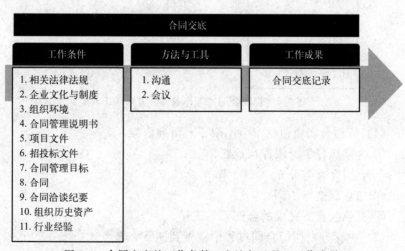

图 7-3 合同交底的工作条件、方法与工具、工作成果

合同交底内容应包括（但不限于）下列内容：

① 合同订立的背景、条件及主要内容；

② 合同订立过程中的特殊问题及合同待定问题；

③ 合同控制目标、实施计划及责任分配；

④ 合同实施的主要风险；

⑤ 合同洽谈中的承诺等其他应进行交底的合同事项。

通过合同交底可以使合同执行人员能够快速、全面了解合同订立的背景、主要条款、工作边界，及时解除疑问、澄清争议，有利于预判合同执行风险并积极采取有效措施管控风险，准确而高效地执行合同。

7.4 管理合同

管理合同是指，通过确定合同管理原则，依据相关法律法规、项目管理目标、合同、企业文化与制度等，通过合同交底、沟通、答疑、谈判等活动促使合同良好执行，以及及时发现、反馈、协同处理合同执行中的争议、索赔、违约、合同中止等问题的统称，属于合同成本框架中的一致性工作。在吊装工程项目管理的实施阶段，建设单位和吊装单位均应依法依规客观公正地管理合同，合同管理人员应全过程跟踪检查合同履行情况，收集和整理合同信息和管理绩效评价，并按规定编制合同执行报告。管理合同的工作条件、方法与工具、工作成果见图7-4。

图 7-4 管理合同的工作条件、方法与工具、工作成果

（1）管理合同应包括（但不限于）下列内容

① 合同执行情况跟踪与诊断；

② 合同完善与补充；

③ 信息反馈与协调；

④ 其他应自主完成的合同管理工作。

（2）中标人在执行合同过程中应做到如下要求

① 中标人应当按照合同约定履行义务，完成中标项目。中标人不得向他人转让中标项目，也不得将中标项目肢解后分别向他人转让。

② 中标人按照合同约定或者经招标人同意，可以将中标项目的部分非主体、非关键性工作分包给他人完成。接受分包的人应当具备相应的资格条件，并不得再次分包。

③ 中标人应当就分包项目向招标人负责，接受分包的人就分包项目承担连带

责任。

（3）合同诊断应符合下列要求

① 合同执行过程中，项目管理机构应定期对合同进行跟踪和诊断。

② 对合同实时信息进行全面收集、分类处理，查找合同实施中的偏差。

③ 定期对合同实施中出现的偏差进行定性、定量分析，并及时通报合同实施情况及存在的问题。

项目管理机构应根据合同实施中出现的偏差结果制定合同纠偏措施或方案，经签批后实施。检查、跟踪合同履行情况，对合同履行中发生的违约、索赔和争议等事宜进行协调处理，如有必要应及时终止合同。

7.4.1 合同争议处理

（1）合同执行过程中产生争议时，应按照以下方式解决

① 双方通过协商达成一致；

② 请求第三方调解；

③ 按照合同约定申请仲裁或向人民法院起诉。

（2）合同争议的处理应遵循一定的程序

① 准备并提供合同争议事件的证据和详细报告；

② 通过和解或调解达成的协议，解决争议；

③ 和解或调解无效时，按合同约定提交仲裁或诉讼处理。

7.4.2 合同索赔处理

（1）合同索赔处理应符合下列规定

① 应执行合同约定的索赔程序和规定。

② 应在规定时限内向对方提出索赔通知，并提出书面索赔报告和证据。

③ 应对索赔费用和工期的真实性、合理性及准确性进行核定。

④ 应按照最终商定或裁定的索赔结果进行处理。索赔金额作为合同总价的增补款或扣减款。

（2）项目管理机构应按照规定实施合同索赔的管理工作。索赔应符合下列条件

① 索赔应依据合同约定提出。合同没有约定或者约定不明时，按照法律法规规定提出。

② 索赔应全面、完整地收集和整理索赔资料。

③ 索赔意向通知及索赔报告应按照约定或法定的程序和期限提出。

④ 索赔报告应说明索赔理由，提出索赔金额及工期。

7.4.3 合同违约处理

合同双方当事人应按照合同约定的工作边界自觉执行合同，维护合同的权威。当合同一方违约，另一方应根据合同约定对合同违约方的违约责任进行处理。

7.4.4 合同中止

项目管理机构应控制和管理合同中止行为。在法律或合同明确规定的情况下，

如当事人一方不履行或不适当履行合同义务时，另一方有权解除合同。如果发生单方违约或重大条件变化导致合同中止，项目管理者应按照下列方式处理：

① 合同中止履行前，应以书面形式通知对方并说明理由。因对方违约导致合同中止履行时，在对方提供适当担保时应恢复履行；中止履行后，对方在合理期限内未恢复履行能力并且未提供相应担保时，应报请组织决定是否解除合同。

② 合同中止或恢复履行，如依法需要向有关行政主管机关报告或履行核验手续，应在对顶的期限内履行相关手续。

③ 合同中止后不再恢复履行时，应根据合同约定或法律规定解除合同。

7.5 合同变更管理

由于不可抗力以及由于一方违约致使合同不能履行或履行已无必要时，允许当事人一方及时通知他方变更或解除合同。在吊装工程项目管理的实施阶段，如果项目环境发生重大变化需要对已经订立的合同内容的部分修改、补充或全部取消时，项目管理机构应按照程序及时实施合同变更管理，合同变更必须征得对方同意。合同变更管理的工作条件、方法与工具、工作成果见图 7-5。

图 7-5　合同变更管理的工作条件、方法与工具、工作成果

（1）合同变更应符合以下条件

① 变更的内容应符合合同约定或者法律法规规定。变更超过原设计标准或者批准规模时，应由组织按照规定程序办理变更审批手续。

② 变更或者变更异议的提出，应符合合同约定或者法律法规规定的程序和期限。

③ 变更应经组织或其授权人员签字或盖章后实施。

④ 变更对合同价格及工期有影响时，相应调整合同价格和工期。

（2）合同变更应遵循以下的程序

① 提出合同变更申请。

② 主管部门组织相关人员开展合同变更评审并提出事实和控制计划。

③ 相关部门进行会审。

④ 报主管领导签批。

⑤ 领导签批后方可组织实施。

（3）合同变更申请应包括（但不限于）下列内容

① 变更的内容；

② 变更的原因；

③ 变更的性质和责任承担方；

④ 变更的处理措施；

⑤ 变更对项目的进度、安全、费用、质量等的影响。

7.6 合同关闭

在吊装工程项目管理的收尾阶段，项目管理者应对合同执行情况进行检查和验收，具备合同关闭条件的合同应按照合同管理程序及时关闭。合同关闭的工作条件、方法与工具、工作成果见图7-6。

图 7-6 合同关闭的工作条件、方法与工具、工作成果

（1）关闭合同的条件应包括（但不限于）以下内容

① 合同约定的工作任务已经完成。

② 保修期或缺陷责任期已满并完成了缺陷修补工作。

③ 工程最终结算已得到核定。

④ 已签发合同项目履约证书或验收证书。

（2）合同关闭应执行以下内容

① 合同关闭应依据合同约定的程序、方法和要求进行。

② 合同管理人员应建立合同文件索引目录。

7.7 合同管理工作总结

在吊装工程项目管理的收尾阶段，项目管理者应对合同管理中的良好实践和失败案例进行收集和整理，分析合同管理的亮点、优点和不足，及时总结经验教训并提出改进建议，完善合同管理制度，形成合同管理工作总结报告，将合同管理的过程资产转化为历史资产。合同管理工作总结的工作条件、方法与工具、工作成果见图 7-7。

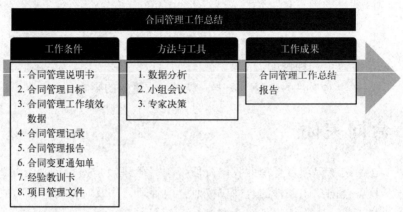

图 7-7　合同管理工作总结的工作条件、方法与工具、工作成果

合同管理工作总结报告应包括（但不限于）以下主要内容：
① 合同订立情况及效果评价。
② 合同交底情况及效果评价。
③ 合同执行及管理工作评价。
④ 合同执行中遇到的重大影响事件及处理情况。
⑤ 合同变更及执行情况。
⑥ 其他经验和教训。

第8章
技术管理

技术优化，可以提高工作效率、减少资源投入、节约施工成本；技术创新，可以促进工艺变革、创造经济价值、提高项目利润；加强技术管理，可以从源头上化解和防范重大安全风险、保障项目本质安全。《中华人民共和国安全生产法》要求，安全生产工作应当以人为本，坚持人民至上、生命至上，把保护人民生命安全摆在首位，树牢安全发展理念，坚持安全第一、预防为主、综合治理的方针，从源头上防范化解重大安全风险。因此，加强技术管理不仅是保障项目本质安全的根本途径，还是项目管理者遵法、守法、履行法律义务的重要体现。

在吊装工程项目管理中，应把技术管理放在一切管理的核心地位，安全管理、进度管理、资源管理、费用管理等都要建立在技术可行的基础之上。技术管理主要工作包括技术管理策划、技术文件准备、技术变更管理、技术管理总结。

8.1 技术管理策划

在吊装工程项目管理的启动阶段，建设单位应和吊装单位均应建立技术管理制度，设立专门的技术管理机构，配备专业人员进行技术管理策划。本过程的主要作用是，在整个吊装工程管理过程中对如何进行技术管理提供指南和方法。技术策划完成后应形成技术管理说明书，技术管理策划的工作条件、方法与工具、工作成果见图 8-1。

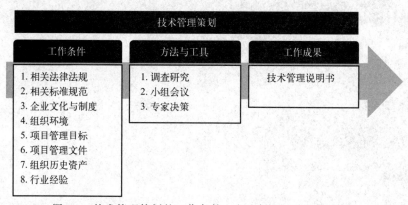

图 8-1　技术管理策划的工作条件、方法与工具、工作成果

技术管理说明书应包括（但不限于）以下主要内容：

① 技术管理目标。

② 技术管理体系与工作职责。应明确组织架构、人员配置、工作分工等。

③ 适用于项目技术管理的标准规范清单。

④ 技术文件的管理要求。如技术文件的编制、审批、专家论证、备案等管理要求。在大型集群式工程建设项目中，吊装工程的技术文件原则上应做到吊装工程施工组织总设计、施工组织设计、专项施工方案、吊装作业工艺卡四级管理。四级技术文件在编制时间上具有一定顺序和递进关系。一般情况下，进入吊装工程项目准备阶段后，吊装单位首先应依据投标文件、设备到货信息和现有的设计资料编制施工组织总设计，对吊装工程的总工期、主要施工技术方案、资源配置计划、总平面布置等进行总体性部署。随着设计资料和设备交付计划的渐进准确，依次展开施工

组织设计和专项施工方案的编制。最后，在专项施工方案审批或专家论证通过后，编制吊装作业工艺卡用以指导现场施工准备。其他中小型工程建设项目中，技术文件管理体系应结合项目规模、工程实施的难点与特点、管理模式，依法依规合理选择管理层级。

⑤ 技术文件的执行及技术文件变更程序。

⑥ 新技术、新材料、新工艺、新设备应用计划的创新、应用、推广计划。

⑦ 各类技术文件、技术方案、技术措施的资料管理与归档要求。

⑧ 技术管理工作总结要求。

8.2 技术文件准备

在吊装工程项目管理的准备阶段，项目管理者应组织相关人员完成技术文件准备。技术文件准备的工作条件、方法与工具、工作成果见图8-2。

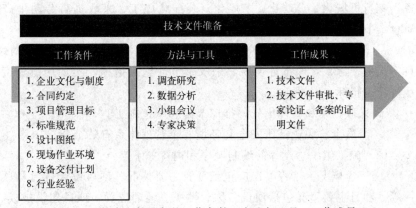

图 8-2 技术文件准备的工作条件、方法与工具、工作成果

（1）技术文件应包括（但不限于）以下内容

① 吊装工程施工组织总设计。以合同或标段内全部工程为编制对象，对整个项目的施工组织起统筹规划、宏观控制和指导的作用。

② 施工组织设计。以装置单元或单位工程为编制对象，对单位工程的施工组织进行规划并起指导和制约作用。

③ 专项施工方案。以专项工程或分部（分项）工程为编制对象，进行更具深度和全面的方案设计，用以具体指导施工过程。

④ 吊装作业工艺卡。在吊装作业专项施工方案的基础上，以单次吊装作业活动为编制对象，用简洁的语言、清晰的图表和精准的数据对专项施工方案中的操作步骤、工作标准、实施要领等进行精准表述，以便于操作人员的正确执行。

⑤ 吊耳、吊盖、拉板、平衡梁等吊具的设计图、计算书、校核书和使用说明等文件。

（2）技术文件审批、专家论证、备案的证明文件应包括（但不限于）以下内容

① 技术文件审批表。

② 专项施工方案专家论证。

③ 技术文件备案表。

8.2.1 编制吊装工程施工组织总设计

（1）在编制施工组织总设计前，应做好下列准备工作

① 熟悉工程承包施工合同条款及有关资料、文件，熟悉初步设计，了解设计图纸交付进度。对已经完成技术设计的工程，应熟悉施工图，并经过设计交底和图纸会审。

② 熟悉吊装工程所在地区的自然环境和技术经济条件，熟悉工程地质勘察报告内容。

③ 估算工程实物量。

（2）施工组织总设计的编制应遵循工程建设程序，并应符合下列要求

① 遵守国家基本建设的相关法律、法规及有关行政规章制度。

② 符合施工合同或招投标文件及国家现行有关标准的规定。

③ 积极开发、使用新技术、新工艺和科学管理方法，推广应用新材料和新设备，施行机械化、自动化、工厂化、装配化施工，采取提高劳动生产率、保证安全质量、节能减排、降低施工成本等措施。

④ 坚持科学的施工程序和合理的施工顺序，采用流水施工和网络计划等方法，科学配置资源，合理布置现场，采取季节性施工措施，实现均衡施工，提出合理的经济技术指标。

⑤ 采取技术和管理措施，推广节能和绿色施工。

⑥ 与质量、职业健康安全和环境三个管理体系有效结合。

（3）施工组织总设计的编制顺序和内容如下

① 工程概况。工程概况应包括项目主要情况、项目设计概况和项目主要施工条件等。项目主要情况包括项目名称、性质、地理位置，项目建设规模、占地总面积、建设总投资及施工合同造价，项目建设单位、勘察单位、设计单位、监理单位、总承包单位的情况，项目承包范围及主要分包工程范围（应列出工程项目一览表和项目主要实物工程量一览表），招标文件或施工合同对项目施工的重点要求等。主要施工条件包括项目建设地点的气象状况，项目施工区域地形和工程水文地质状况，项目施工区域地上、地下的管线、电缆、光纤以及相邻的地上、地下的建（构）建筑物和文物保护情况，设计图纸交付情况和交付期限表、项目资金情况等

② 编制依据。施工组织总设计应依据下列文件编制：

a. 与工程建设有关的法律、法规和文件，国家现行有关标准和技术经济指标。

b. 国家和地方行政主管部门的批准文件。

c. 工程承包施工合同和招标投标文件。

d. 建设项目初步设计或施工图设计文件。

e. 建设单位提供的建设项目总体计划、工程设备和材料供应计划。

f. 工程所在地区和现场的自然与技术经济条件调查资料，其内容应包括施工范围内的现场条件、工程地质、水文地质和气象条件等。

g. 与工程有关的资源供应情况。

h. 施工企业生产能力、机具设备状况、技术水平、同类型工程项目的施工经验资料等。

③ 施工总部署。施工总部署应简要分析项目施工的特点、难点和重点。应明确项目施工管理的组织机构形式、项目主要管理人员及其职责、权限和相互关系。当有工程分包时，应对分包单位的资质、能力及管理方式提出要求。应对项目总体施工做出宏观部署，确定项目施工总目标，包括进度目标、质量目标、安全目标、环境目标和成本控制目标等，并围绕总目标确定项目分阶段（分期）交付计划。

④ 施工总进度计划。施工总进度计划应根据项目总体施工部署和施工方法，以单位工程的主要分部或分项工程为步骤进行编制。应明确主要施工进度控制点和主要里程碑，并用文字加以叙述。施工总进度计划应采用网络图或者横道图表示，并应附加说明。对于大型集群式工程建设项目的吊装工程，应采用网络图表示，并将设备到货、基础交安、附塔设施安装、吊车资源配置等信息纳入进度计划之中。

⑤ 总体施工准备工作计划。总体施工准备应包括技术准备、现场准备、施工队伍和管理人员准备、物资准备、资金准备等，并满足项目分阶段（分期）施工的需要。技术准备应制定施工方案编制计划、项目执行的有关标准和技术文件配置计划、技术培训计划、吊耳吊盖设计计划等。现场准备应根据现场施工条件和实际需要进行，现场准备的内容包括吊装组装区域测量、放线，吊装区域、吊装组装区域和吊车行走道路地基处理，吊装作业相关影响区域预留工作对接和预留区域图相关方签署确认等。

⑥ 劳动力配置与管理计划。劳动力配置与管理计划应包括确定施工期间的总用工量，并根据施工进度计划确定不同时期的劳动力配置计划。绘制月度劳动力预测动态图。对劳动力的管理提出要求。

⑦ 物资配置与管理计划。物资配置计划与管理应根据总体施工进度计划确定吊装机械、钢丝绳、卸扣、平衡梁、路基箱、钢板等入场和使用计划。

⑧ 主要施工方法。施工组织总设计应对项目涉及的单位工程、主要分部（分项）工程、危险性较大的分部（分项）和专项工程所采用的施工方法及主要施工机械进行简要说明。如吊装地基处理方法、大型吊装机具安拆方法、大型吊装作业方法、大型吊车转场方法、吊装地基强度及稳定性检测方法、吊耳吊盖质量检验方法，以及特殊吊装工艺的施工方法等。

⑨ 质量管理计划。

⑩ 职业健康安全管理计划。

⑪ 环境管理（文明施工）计划。

⑫ 成本管理计划。

⑬ 临时设施规划。临时设施规划的范围应包括临时性办公、生活设施、临时供水、临时供电、临时供热、临时供气、通信，以及吊装机具的存放区域设置等，临时生活设施的规划应明确需求场地总面积。

⑭ 施工总平面布置。施工总平面布置时，施工区域的划分和场地临时占用应符合总体施工部署和施工流程的需要，应尽量减少相互影响；施工总平面布置应科学合理，结合现场的地形、永久性设施、运输道路、施工顺序进行综合安排；施工场地应紧凑合理，占用面积小；临时设施不应影响永久性工程施工，尤其是工序多、工程量大、施工难度大、周期长的永久性工程；应尽可能充分利用既有建构筑物和既有设施，降低临时设施的建造费用；符合节能减排、环保、安全和消防等要求，

遵守当地主管部门和建设单位对施工现场安全文明施工的相关规定。吊装作业施工总平面布置图中应明确以下内容：

  a. 原有构（建）筑物和道路（老厂扩建新装置时）。

  b. 相邻装置或厂区的公共道路、管廊、架空或埋地电缆电线、地下管线、井室等。

  c. 拟建工程设计范围内的构（建）筑物、道路、主要设备及其他基础设施。

  d. 被吊装工件的安装位置、运输路线、临时摆放位置。

  e. 主副吊车吊装作业时站位区域与扫空区域、吊车安装及拆除位置、大型吊车转场路线及时间、吊装作业及吊车转场需要预留的区域及预留时间等。

  （4）吊装工程施工组织总设计编制完成后，应起到以下功能和作用

  ① 基本明确吊装工程主体实物量、设计图纸交付计划、设备交付计划。

  ② 基本明确吊装工艺、吊装方法、吊装作业参数和吊装作业管理的难点、重点和特点，并编制关键设备吊装参数表。

  ③ 基本明确吊装机索具的需求情况，并制定拟投入吊装机索具计划。

  ④ 基本明确管理人员和作业人员的需求情况，并绘制月度劳动力预测动态图。

  ⑤ 基本明确影响吊装作业安全顺利进行的地下、地上因素及应对办法。

  ⑥ 基本明确项目管理的总体目标、管理风险和风险消减措施，包括进度、质量、安全环保、费用等。

  ⑦ 基本明确吊装作业的点位、吊车安拆位置、吊车调配顺序、吊车转场路线等，并绘制吊装作业施工总平面布置图、吊装地基处理区域图、大型吊车调配图、吊车转场路线图、吊装作业及吊车行走预留区域图等。

8.2.2　编制吊装工程施工组织设计

  对于已经编制了施工组织总设计的项目，单位工程施工组织设计是施工组织总设计的进一步具体化，直接指导单位工程的施工管理和技术经济活动。当单位工程施工组织设计作为施工组织总设计的补充时，编制内容可进行适当删减。施工组织设计的编制顺序和内容如下：

  ① 工程概况。

  ② 编制依据。单位工程施工组织设计的编制依据应包含施工组织总设计。

  ③ 施工部署。各单位工程施工目标的部署应满足施工组织总设计，确定项目施工总目标，包括进度目标、质量目标、安全目标、环境目标和成本控制目标等。

  ④ 施工进度计划。单位工程施工进度计划应按项目总体施工部署和施工总进度计划的安排进行编制。

  ⑤ 施工准备工作计划。

  ⑥ 劳动力配置与管理计划。根据单位工程劳动力需求情况，绘制单位工程月度劳动力预测动态图。

  ⑦ 物资配置与管理计划。施工组织设计中资源的配置与管理计划应依据单位工程施工部署和施工组织总设计的要求确定，并制定单位工程拟投入吊装机索具计划。

  ⑧ 主要施工方案。单位工程施工组织设计应对分部（分项）工程和专项工程制定施工方案。内容应包括施工方法、施工工艺和技术要求等；对危险性较大的分部

（分项）工程所采用的施工方法应进行验算和说明；季节性施工技术措施应包含冬季施工、雨季施工、防台风等措施，并编制单位工程《设备吊装参数表》。

⑨ 质量管理计划。

⑩ 职业健康安全管理计划。

⑪ 环境管理（文明施工）计划。

⑫ 施工现场平面布置。单位工程施工现场平面应根据单位工程的施工部署和施工组织总设计的相关要求进行布置，并绘制单位工程吊装作业施工平面布置图、吊装地基处理区域图、吊装作业及吊车行走预留区域图等。

8.2.3　设计吊耳吊盖

在近些年的项目管理实践中，本着"谁使用、谁负责、谁设计"的原则，大型设备吊耳吊盖的设计工作往往都由专业的吊装单位承担，负责设计吊耳吊盖的形状、规格、选材和安装位置，并提出吊耳制造要求和检测方法与合格标准；设备制造厂负责吊耳吊盖的材料采购、加工制作、焊接、检验等工作；设计院负责复核吊耳的安装方位、安装高度，以及设备本体强度的校核。

在大型集群式工程建设项目中，吊耳吊盖设计不仅重要，且工作量大、持续时间长、耗费技术人员精力多，应结合设计资料在施工组织设计编制完成后适时开展。吊耳吊盖的设计应符合《石油化工设备吊装用吊盖工程技术规范》SH/T 3566—2018、《化工设备吊耳及工程技术要求》HG/T 21574—2018等相关标准规范的要求，并坚持"安全、严谨、科学、合理、节约"的五原则，一是避免数量上的不合理；二是避免考虑不周，造成工作失误；三是避免安全余量过度高，造成经济上的浪费。吊耳吊盖设计五原则见图8-3。

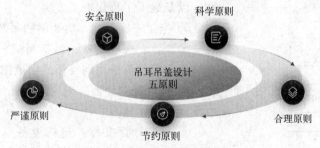

图 8-3　吊耳吊盖设计五原则

8.2.4　编制专项施工方案

吊装工程专项施工方案包括（但不限于）以下内容：

① 吊装作业专项施工方案。

② 吊装地基处理专项施工方案。

③ 深基坑开挖及支护专项施工方案（当基坑深度达到深基坑标准时应按要求编制）。

④ 吊装地基强度及稳定性检测施工方案。

⑤ 大型吊车安拆专项施工方案。

⑥吊车转场专项施工方案等（应明确吊车转场时间、转场方式、需求条件、存在问题、解决措施等）。

8.2.4.1 吊装作业专项施工方案编制要求

吊装作业专项施工方案须符合《石油化工大型设备吊装工程规范》GB 50798的相关要求，应包括（但不限于）以下内容：

① 编制说明及依据。主要编制依据有国家现行有关标准和技术经济指标，施工组织（总）设计，吊装作业总体规划方案，标准规范，设备图纸与制造文件，设备及工艺管道平、立面布置图，梯子、平台、绝热等相关专业设计图纸，地下工程布置图，架空电缆布置图，现场施工条件及工程地质资料（如地勘报告），设备到货计划等。

② 工程概况。应包含工程特点、设备结构图、设备参数表等。

③ 吊装工艺设计。应包括设备吊装作业施工组织程序（图8-4），吊装工艺步骤与要求，吊装平、立面图，吊装参数表，吊装机具安装拆除工艺要求，地锚施工图（如有）等。

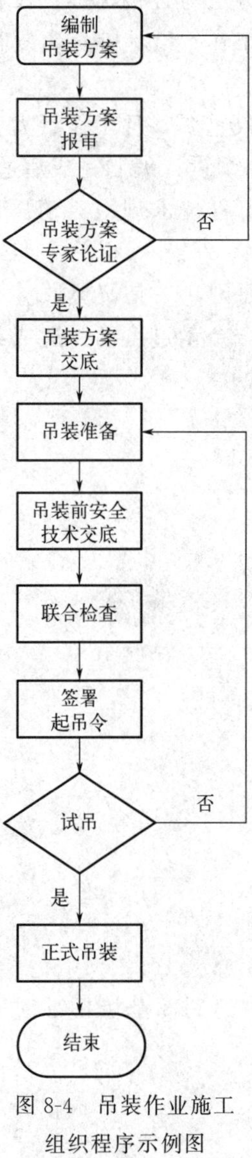

④ 吊耳及吊具使用说明。应包含设备支、吊点的位置与结构设计图，平衡梁、吊盖、吊轴、连接板等吊具设计图，设备局部加固图等。当吊装工艺对设备吊点的结构形式、焊接或连接的位置及使用条件，以及设备受力部位的支撑加固措施有特殊要求时应在吊装工艺设计中进行明确，并以书面形式向制造厂家提出。

⑤ 吊装地基加固处理要求。对吊装作业区域地基的承载力需求进行计算，并阐明地基加固处理的方法与合格标准，以及地下工程保护措施。

⑥ 施工进度计划。简要阐明吊装作业的进度计划，包括技术准备、现场准备、设备到货、穿衣戴帽、相关专业交叉作业等。可采用网络图或横道图的方式进行说明。

⑦ 资源配置计划。包含吊装机具、材料配置计划和人力资源配置计划。

⑧ 吊装计算文件。包括设备重心计算、吊车受力计算、吊装索具受力计算、设备稳定性与强度计算等。

⑨ 施工组织管理体系。明确项目经理、技术负责人、安全总监、作业人员、监护人员等各相关岗位的组织架构，以及工作职责与权限。

⑩ 质量保证体系及措施。

⑪ 安全保证体系及措施。应进行吊装作业危险性分析表（JSA分析）并制定相应的安全技术措施。

⑫ 职业健康与环境危害性分析与保障措施。

⑬ 吊装应急预案。

⑭ 施工平面布置图。对设备摆放、吊车站位、吊装预留条件等进行精准规划。

图8-4 吊装作业施工组织程序示例图

⑮ 附表。应附质量检查表、安全联合检查表、吊装命令书等。

在吊装工程项目管理中，大型设备吊装作业专项施工方案，原则上应逐台编制。因为即使是同一作业人员在同一个装置采用同样的吊装工具和吊装方法进行吊装作业，也会因为场地条件、摆放位置和作业时间的不同，造成吊装过程、吊装步骤、安全风险与风险消减措施的不同。而评判方案好坏的标准是指导实际作业的有效性，而有效性则来自方案针对性、具体性和唯一性。当然，在经过评判后，确实在同一作业环境、同一作业点位、同一作业工法、同一吊装资源配置、同一作业批次且风险和风险消减措施相同的吊装作业，可以将多台相邻的设备或一台多段多次吊装的设备编制一个专项施工方案，并在方案中详细规划吊装组织程序。即环境相同、点位相同、工艺相同、工具相同、时间相同、风险和风险消减措施相同，可以编制一个专项施工方案。

8.2.4.2 吊装地基处理专项施工方案编制要求

在大型集群式工程建设项目中，吊装单位应按标段编制吊装工程地基加固处理专项施工方案。吊装地基加固处理专项施工方案应符合《石油化工大型设备吊装现场地基处理技术标准》GB/T 51384 的相关要求，其内容应包括（但不限于）以下内容：

① 编制说明及依据。

② 工程概况。

③ 主要施工方法与工作量。

④ 施工准备与资源配置计划。

⑤ 施工计划。

⑥ 地基处理平面布置图。

⑦ 地基处理计算文件。

⑧ 施工组织管理体系。

⑨ 质量保证体系及措施。

⑩ 安全保证体系及措施。

⑪ 地下设施保护措施。

⑫ 地基处理应急预案。

当吊装地基处理采用开挖基坑换填的施工方法时，如果基坑深度达到深基坑标准时应按照相关法律法规、规章和规范的要求编制深基坑开挖及支护专项施工方案并按照管理程序进行报审，必要时还应按程序组织专家论证。

8.2.4.3 吊装地基强度及稳定性检测专项施工方案编制要求

吊装地基加固处理完成后，吊装单位应委托有资质的第三方检测单位对吊装地基的强度和稳定性进行检测。第三方检测单位应依据相关规范编制吊装地基强度及稳定性检测专项施工方案指导吊装地基的检查工作，其内容应包括（但不限于）以下内容：

① 编制说明及适用范围。

② 工程概况。

③ 编制依据。

④ 主要施工方法与工作量。

⑤ 施工准备与资源配置计划。

⑥ 检测计划。

⑦ 施工组织管理体系。

⑧ 质量保证体系及措施。

⑨ 安全保证体系及措施。

8.2.4.4 大型吊车安拆专项施工方案编制要求

吊装单位应对大型吊车的安装和拆除工作编制专项施工方案。大型吊车安拆专项施工方案的内容应符合《起重机械安全规程 第 1 部分：总则》GB/T 6067.1—2010 的相关要求。其内容应包括（但不限于）以下内容：

① 编制说明及依据。

② 工程概况。

③ 起重机主要部件明细。

④ 安拆工艺流程。包含特殊件、重大件的吊装工艺。

⑤ 施工准备与安拆计划。

⑥ 资源配置计划。

⑦ 施工组织管理体系。

⑧ 安全保证体系及措施。

⑨ 质量保证体系及措施。

⑩ 安拆工作危险性分析及应急预案。

⑪ 相关的计算文件。

8.2.4.5 大型吊车转场专项施工方案编制要求

在大型集群式工程建设项目中，大型吊车存在高频次、多区域转场时，为了提升总体施工组织效率，吊装单位应按标段或车型编制大型吊车转场专项施工方案，其内容应包括（但不限于）以下内容：

① 编制说明及依据。

② 工程概况。说明转场车型及主要工作量。

③ 转场方案与转场规划路线。

④ 转场计划与需要条件。

⑤ 存在的问题及解决办法。

⑥ 资源配置计划。

⑦ 施工组织管理体系。

⑧ 安全保证体系及措施。

⑨ 相关的计算文件。

8.2.5 技术文件审批

吊装工程施工组织总设计、吊装施工组织设计应由吊装单位项目经理组织相关人员进行编写，并经本企业技术负责人批准后报监理单位审核，经监理单位批准后执行。

吊装作业专项施工方案应由吊装单位专业工程师编制、项目技术负责人校核、高级工程师审核、企业技术负责人批准。吊装方案编制和审批人员的资格与职责见表 8-1。

表 8-1　吊装方案编制和审批人员的资格与职责

岗位	资格	职责
编制	工程师	①现场调查和吊装机具调查、选用 ②吊装方案编制和修订 ③吊装方案交底
校核	项目技术负责人	①校核吊装方案 ②审查进度计划、交叉作业计划
审核	高级工程师	①审查吊装工艺及计算依据 ②审查吊装机具的选择及布置合理性 ③审查吊装安全技术措施
批准	企业技术负责人	吊装方案的最终批准

吊装工程如果有专业分包的，吊装作业专项施工方案可以由专业分包公司的专业工程师编制，但分包单位和总包单位的企业技术负责人均须对方案进行审核且签字批准后生效。

8.2.6　技术文件专家论证

施工组织设计和专项施工方案由吊装单位企业技术负责人审批后，报送监理单位，由专业监理工程师审核、总监理工程师进行审批；对风险较大的专项施工方案，在必要时由吊装单位组织专家论证，建设单位和监理单位参加专家论证会。

通过专家论证的技术文件应具备安全性、经济性、科学性、可行性、严谨性、规范性等六项属性，且不得随意改动。如因重大条件变更需要对方案进行变更的，应按照原程序重新进行报审和专家论证。通过专家论证的技术文件应具备的六项属性见图 8-5。

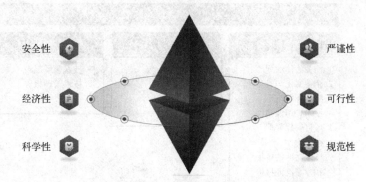

安全性　　严谨性

经济性　　可行性

科学性　　规范性

图 8-5　通过专家论证的技术文件应具备的六项属性

8.2.7　编制吊装作业工艺卡

吊装作业工艺卡是吊装作业专项施工方案的延续和简化。吊装作业专项施工方案获得批准或通过专家论证后，吊装单位专业工程师应依据方案编制吊装作业工艺卡，力争用更加简洁的语言、更加清晰的图表、更加准确的数据向作业人员介绍吊装作业专项施工方案中的吊装工艺、吊装作业组织流程和吊装作业操作步骤。编制吊装作业工艺卡时，应追求内容的具体性、可操作性和唯一性，切实有效地指导现场吊装作业。其内容主要由吊装作业的基本信息、吊装工艺设计、吊装作业组织流程和吊装作业操作步骤四部分构成，如附录3：某炼化一体化项目150吨/年乙烯装置急冷水塔吊装作业工艺卡示例所示。

① 基本信息。包括项目名称、吊装单位，以及设备位置、设备名称、设备位号、设备规格、本体重量、附属重量、吊装重量、吊装方法、吊装机具等。

② 吊装工艺设计。简要说明设备的吊装工艺及相关吊装参数。

③ 吊装作业组织流程。吊装作业组织流程是保证本次吊装作业安全顺利进行，对吊装作业施工工序进行的全流程总体性安排，其内容包括方案编制审批、专家论证和方案交底等技术准备，吊装场地处理、吊装资源落实、吊车组装等现场施工准备，以及安全交底、联合检查、签署起吊令、试吊、正式吊装等吊装作业的实施过程，简称"两准备一实施"。

④ 吊装作业操作步骤。应对吊装作业实施过程中的每一个动作进行详细的安排。

8.3 管理技术

管理技术是指通过一定的程序、方法、措施或手段确保已经确定的技术得到正确应用，避免技术执行过程中出现错误或者偏差，以及鼓励、引导、推动工艺技术的创新、变革、应用的一系列管理活动的统称。在吊装工程项目管理的实施阶段，项目管理者应依据相关的法律法规、标准规范和项目管理文件管理技术，收集和整理技术执行、变革、创新等相关信息，编制技术管理报告。管理技术的工作条件、方法与工具、工作成果见图8-6。

图 8-6　管理技术的工作条件、方法与工具、工作成果

管理技术的方法与工具应包括（但不限于）以下内容：

① 沟通。

② 检查。包括技术文件检查和现场执行检查。

③ 会议。

④ 专家决策。

专项施工方案交底是沟通工具中一项非常重要的管理活动。专项施工方案获得批准或者通过专家论证后，现场施工准备工作开展前，吊装单位的项目技术负责人应依据批准或专家论证通过的专项施工方案和吊装作业工艺卡向相关的管理人员和作业人员进行方案交底，所有参加方案交底的人员均应在方案交底文件上签字。

专项施工方案交底的目的是通过程序化的过程管理，确保参与吊装作业准备、实施和管理的人员能够及时了解方案的内容、领会方案的意图、知道方案的实施过程，确保吊装场地处理、吊装预留条件、路基箱摆放位置及方向、吊车站位、吊车工况设置、吊装索具选用等每一项工作都能够得到正确执行，方案写现场要干的，现场干方案中写的，做到"干""写"一致，避免方案是方案、现场是现场的方案和现场"两张皮"的现象出现，从而实现吊装作业安全实施。

管理技术属于技术成本框架中的一致性工作。要求项目技术负责人、工程师等项目管理者深入现场，关注和及时掌握现场条件的变化，并具备"**敏感性、前瞻性、预判性、积极主动性、时效性**"的工作素养。一方面，要通过工作提示和预警防范影响技术执行的事件出现；另一方面，要根据现场条件的变化和对未来工作的预判持续优化技术工作。例如技术人员可通过设备基础开挖时的地质情况预判吊装地基处理方案的安全性与可行性，及时提出加深、加宽、降低地基处理深度或者变更处理方式或材料等改进和优化意见。

8.4 技术文件变更管理

在吊装工程项目管理的实施阶段，如果项目环境、工作条件、资源配置、工艺技术等发生变化导致技术文件需要变更的，项目管理者应按照相应的变更程序进行技术文件的变更，并确保相关人员及时得到新的变更文件。技术文件变更管理的工作条件、方法与工具、工作成果见图8-7。

图8-7 技术文件变更管理的工作条件、方法与工具、工作成果

变更应遵循以下程序：

① 技术文件变更申请。

② 变更文件审核与批准。按照原文件的审核与批准程序重新审核与批准，如需要专家论证的技术文件应重新组织专家论证。

③ 执行变更。废止原技术文件，同时，将变更后的技术文件及时向相关方发布并获得执行。

8.5　技术管理工作总结

在吊装工程项目管理的收尾阶段，项目管理者应对技术管理中的良好实践和失败案例进行收集和整理，分析技术管理的亮点、优点和不足，及时总结经验教训并提出改进建议，完善技术管理制度，形成技术管理工作总结，将技术管理的过程资产转化为历史资产。技术管理工作总结的工作条件、方法与工具、工作成果见图8-8。

图 8-8　技术管理工作总结的工作条件、方法与工具、工作成果

技术管理工作总结报告应包括（但不限于）以下主要内容：

① 技术管理体系的建设情况。

② 技术文件准备情况与效果。

③ 技术文件执行情况及评价。

④ 技术文件变更与执行情况。

⑤ 具有重大影响的技术创新或技术突破。

⑥ 技术管理工作的建议。

⑦ 其他经验和教训。

第9章
进度管理

进度管理是指项目管理者以目标为引领、以计划为抓手，对项目所需完成的全部工作任务进行分解和计划，以资源为依托、以结果为导向，在确定的时间内按照特定的活动顺序有效组织各种资源实现可交付成果的一系列持续性管理活动的总称。吊装工程进度管理主要工作包括进度管理策划、制定吊装计划、进度控制、吊装计划变更管理和进度管理工作总结等。

9.1 进度管理策划

进度管理策划是制定进度管理政策、编制进度管理程序和文档的过程。在吊装工程项目管理的启动阶段，建设单位和吊装单位均应进行进度管理策划。本过程的主要作用在于明确吊装工程进度管理目标、确定吊装工程的重要里程碑节点、定义吊装工程进度管理程序与要求等，为吊装工程管理过程中对如何进行进度管理提供指南和方法。进度管理策划完成后，应形成进度管理说明书。进度管理策划的工作条件、方法与工具、工作成果见图 9-1。

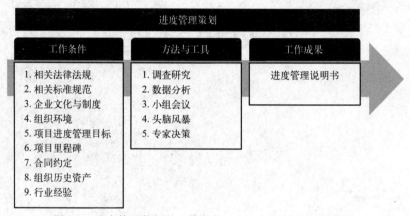

图 9-1　进度管理策划的工作条件、方法与工具、工作成果

进度管理说明书应包括（但不限于）以下内容：

① 吊装工程进度管理目标。包括总体目标和阶段性目标。

② 重要里程碑节点。可以按空间、时间和事件等从不同角度设定。如×××装置吊装作业开始或者结束，也可以是××××年××月吊装作业开始或者吊装结束，也可以是×××设备吊装完成，也可以是×××吊车入场或退场等。

③ 进度管理程序及要求。

④ 吊装计划变更程序。

⑤ 进度管理工作总结要求。

9.2 制定吊装计划

在吊装工程项目管理的准备阶段，项目管理者应组织相关人员依据合同约定的工期、项目管理目标、项目计划等相关资料制定吊装计划，建立吊装工程进度管理基准。制定吊装计划的工作条件、方法与工具、工作成果见图 9-2。

图 9-2 制定吊装计划的工作条件、方法与工具、工作成果

（1）项目管理目标应包括（但不限于）以下内容

① 项目进度管理目标。

② 项目质量管理目标。

③ 项目安全管理目标。

④ 项目费用控制目标。

（2）项目计划应包括（但不限于）以下内容

① 工程建设项目总体进度计划。

② 项目建设里程碑。

③ 设备及附属设施图纸交付计划。

④ 设备制造计划。

⑤ 设备交付与运输计划。

⑥ 附属设施材料采购与预制计划。

（3）吊装作业及附属活动清单应包括（但不限于）以下内容

① 吊装作业现场施工场地准备与障碍物清理。

② 吊装地基加固处理。

③ 吊车安拆及转场。

④ 设备附属设施预制与安装。

⑤ 吊装作业实施。

⑥ 吊钩、吊具摘除。

⑦ 吊车离场。

吊装计划，既是吊装工程进度管理的抓手，也是进度控制的基准。在大型集群式工程建设项目中，吊装工程进度计划管理宜采用三级计划管理体系。

一级计划：由吊装单位以标段或合同对象，依据建设单位的项目开车方案、工程建设项目总体进度计划、项目建设里程碑等编制的总体性、纲领性计划。

二级计划：由吊装单位依据一级计划、设备交付与运输计划和现场条件编制的月度工作计划。

三级计划：由吊装单位依据二级计划、资源投入情况针对每一台到货设备编制的单台设备吊装工作落实计划。该计划应明确从设备到达现场直至吊装结束的全部工作任务清单，每项工作任务的排列顺序与持续时间估算。

原则上，一级计划应以网络图或者横道图的形式进行编制；二级计划应以工作报表的形式编制；三级计划应以工作清单的形式编制，详见附录 4。以上三级计划，逐级递进、逐级细化、逐级准确。一级计划宜由吊装单位按季度或半年编制、报审和发布；二级计划宜由吊装单位按月度编制、报审和发布；三级计划宜在每台设备到达现场后，由建设单位牵头组织，吊装单位编制，施工总承包单位和运输单位等相关单位辅助，监理单位监督落实。

9.3 进度控制

进度控制是监督项目状态，以更新项目进度和管理进度基准变更的过程。在吊装工程项目管理的实施阶段，项目管理者应采用熟悉进度计划的目标、顺序、步骤、数量、时间和技术要求，并开展进度执行效果检查，收集和记录进度数据，将实际数据与进度计划目标进行对照评价，分析计划执行存在的偏差和造成偏差的原因，及时采取纠偏措施，确保吊装计划目标实现。进度控制的工作条件、方法与工具、工作成果见图 9-3。

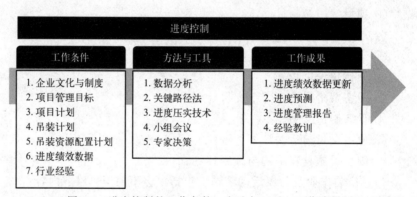

图 9-3　进度控制的工作条件、方法与工具、工作成果

进度控制的主要工作内容包括进度检查、进度评价、进度偏差原因分析、进度纠偏四个环节。进行进度控制时，应重点关注以下内容：

① 通过比较上一个时间周期内已交付或完成验收的工作总量和已完成工作估算值来判断项目进度的当前状态。

② 判断项目进度是否已经发生变更，以便及时纠正和改进。

③ 在变更实际发生时进行干预，对剩余工作计划（未完成）重新进行优先级排序。

④ 对引起进度变化的因素施加影响。如调整资源配置的种类或数量、调整工作时间长度、调整工作空间等。

9.3.1 进度检查

在吊装工程项目管理过程中，建设单位、监理单位、吊装单位应按照规定的统计周期对进度计划执行情况进行检查，记录和保存相关进度数据。进度计划检查应包括下列内容：

① 工作完成的数量。

② 工作时间的执行情况。

③ 工作顺序的执行情况。

④ 资源使用及其与进度计划的匹配情况。

⑤ 前期检查提出问题的整改情况。

进度检查最有效的工作方法是关键路径法。通过对关键路径上各项作业活动进展情况的检查可以有效地判断项目进度状态，因为关键路径上的偏差将对项目的进度产生直接影响。另外，通过对次关键路径上作业活动开展情况的评估有助于识别潜在的进度风险。在时机成熟的情况下，次关键路径会上升为关键路径。因此，次关键路径上各项作业活动的开展情况也必须得到管理者的高度关注。

9.3.2 进度评价

根据采集的项目状态实际数据，如哪些活动已经开始、它们的进展如何（如实际持续时间、剩余持续时间和实际完成百分比）、哪些活动已经完成等，然后，运用进度分析技术对进度情况作出评价，以判断是否存在偏差。常用的进度分析技术包括（但不限于）绩效审查、趋势分析、偏差分析、假设情景分析等。

① 绩效审查。是指根据进度基准，测量、对比和分析进度绩效，如实际开始和完成日期、已完成百分比，以及当前工作的剩余持续时间。

② 趋势分析。是指通过检查项目绩效随时间的变化情况，来判断绩效是在改善还是在恶化，从而得出进度发展趋势。

③ 偏差分析。是指通过关注实际开始和完成日期与计划的偏离，实际持续时间与计划的差异，以及浮动的时间偏差，评估这些偏差对未来工作的影响，然后确定是否需要采取纠正或预防措施。如非关键路径上的某个活动发生较长时间的延误，可能不会对整个项目进度产生影响，但是某个关键路径上的活动稍有延误却可能对整个项目进度产生重要影响，需要立即采取干预行动。

④ 假设情景分析。是指基于对影响项目进度的各种风险的分析和预判，提前采取积极的风险应对措施，从而促使项目进度符合项目管理计划和进度基准的分析技术。

9.3.3 进度偏差原因分析

通过进度检查与评价，判断项目进度存在偏差时，应进行客观公正的分析，并找到造成进度偏差的关键原因。一般情况下，造成进度偏差的常见原因有以下几种：

① 进度计划制定过于理想化，科学性、合理性、严谨性不足。求其上者得其中、求其中者得其下的思想不是放之四海而皆准。在进度计划的制定上，要在尊重科学规律、自然规律和工程项目建设基本规律的基础上，充分发挥资源的优势，充

分调动人的积极性，合理设定工作目标，不能盲目、更不能激进。希望用最短的时间把罗马建成的愿望是好的，但是要清晰地知道罗马确实不是一天能建成的。

② 异常天气影响。如在进度计划执行过程中，受到大风、大雪、高温、降温、持续降雨等异常天气的影响。

③ 资源配置影响。如资源配置的品类和数量不合理，或者因为不可控因素的影响导致资源需求不能按时得到满足，包括人力资源和施工机具资源等。

④ 人员履职不到位。相关工作人员对进度计划的执行重视程度不够；工作中产生麻痹大意的思想，对风险判断不足，对工作前置条件落实不仔细、不全面，没有很好尽职等。

⑤ 沟通不畅。相关方之间的交流沟通不及时，甚至存在盲区，导致进度计划执行受到影响。

⑥ 缺乏资金保障。因为缺乏资金保障而导致进度计划出现偏差，在工程建设项目中也时有发生。

9.3.4　进度纠偏

通过进度偏差原因分析，项目管理者应以结果为导向采取有效的具有针对性的进度纠偏措施，设法使进度滞后的活动赶上计划。常见的纠偏措施有以下几种：

① 通过组织措施，优化资源配置。在充分考虑资源可用性和项目可接受时间的情况下，对作业活动和活动所需的资源进行优化配置，包括资源的品类、数量和质量。

② 通过沟通协调措施，调整活动的提前量和滞后量。例如把后续工作的开始时间向前提，增加提前量；消除或减少紧后工作的滞后量，把结束时间前移，以保证整体项目计划。

③ 通过技术措施，实施进度压缩。对剩余工作使用快速跟进或赶工等进度压缩技术，使落后的项目活动赶上计划。

④ 通过经济措施，制定有效激励方案。通过制定有效激励方案，提高作业人员的工作效率和效能，促进项目进度目标的实现。

9.4　吊装计划变更管理

我们追求科学合理地制定计划，并强调计划的刚性执行，以维护计划的严肃性。但是，当外界客观因素发生重大变化，对计划的执行产生重大影响，经过各种要素的积极努力仍无法实现时，应及时做出柔性调整。因为僵化的思想、固执的行为，不但于事无补还会对计划本该有的"引领"作用大打折扣。在吊装工程项目管理的实施阶段，如果项目环境、工作条件、资源配置、图纸交付、设备交付等发生变化导致吊装计划需要变更的，管理者应按照相应的变更程序及时进行计划变更。吊装计划变更管理的工作条件、方法与工具、工作成果见图9-4。

（1）吊装计划变更包括（但不限于）以下主要原因：

① 组织战略发生重大调整，组织目标发生较大变化。

② 合同关系变化，合同履行要素发生重大变更。

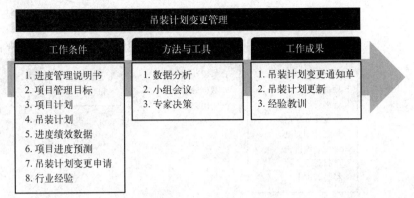

图 9-4　吊装计划变更管理的工作条件、方法与工具、工作成果

③ 因突发事件或者受设计、采购、制造和现场施工条件等相关环节的影响，实际情况与原计划执行条件偏差较大，原进度计划已经没有实现的可能。

④ 受地震、海啸、大雪、大风、大雨等不可控自然条件影响时间过长，通过赶工仍无法实现原计划。

⑤ 从项目整体利益考虑，单项工作计划调整后对整体效益更为有利。

（2）吊装计划变更应执行以下程序

① 变更申请。吊装单位提出吊装计划变更申请。

② 变更文件审核与批准。经监理单位、建设单位审核批准。

③ 执行变更。吊装计划已经获得批准，应及时废止原文件，同时，将变更后的吊装计划及时向相关方发布并获得执行。

（3）吊装计划变更应包括下列内容

① 工程量或工作量。

② 工作的起止时间。

③ 图纸交付、设备交付、现场安装条件等相互工作关系。

④ 吊装资源供应。

（4）吊装计划变更应遵循以下原则

① 坚持"计划允许调整，但不能随意调整、不能轻易调整"的总原则。一方面，强调计划的刚性执行，尽量通过组织措施、技术措施、经济措施和沟通协调措施进行赶工，以维护计划的严肃性；另一方面，体现计划的柔性调整，尊重事实，解放思想，实事求是，发挥计划的本质作用。

② 调整相关资源供应计划时，应与相关方进行充分沟通，达成一致意见。

③ 变更计划的实施应与组织管理规定及相关合同要求一致。

9.5　进度管理工作总结

在吊装工程项目管理的收尾阶段，项目管理者应对进度管理中的良好实践和失败案例进行收集和整理，分析进度管理的亮点、优点和不足，及时总结经验和教训并提出改进建议，完善进度管理制度，编制进度管理工作总结，将进度管理的过程资产转化为历史资产。进度管理工作总结的工作条件、方法与工具、工作成果见图9-5。

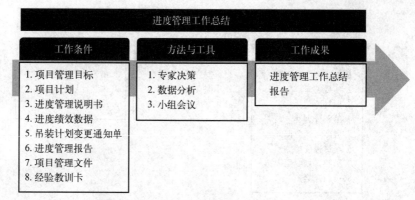

图 9-5　进度管理工作总结的工作条件、方法与工具、工作成果

进度管理工作总结报告应包括（但不限于）以下主要内容：

① 进度管理目标的实现情况。

② 吊装计划的制定与控制情况。

③ 吊装计划变更与执行情况。

④ 影响进度计划实现的重大事项说明。

⑤ 进度管理工作的建议。

⑥ 其他经验和教训。

第10章
资源管理

资源包括人力资源、实物资源、技术资源和资金资源。人力资源包括项目管理团队成员及有关作业人员；实物资源包括为完成项目可交付成果而需要投入的全部设备、材料、机具、设施和技术等；技术资源主要是指适用于且可用于本项目的技术资源；资金资源包括维持项目正常运行所必需的开支与抵抗风险时可动用的各类储备金等。资源管理包括识别、获取和管理所需资源的各个过程，这些过程有助于项目经理和项目团队在正确的时间和地点使用正确的资源以成功完成项目。吊装工程项目资源管理包括资源管理策划、资源准备、资源入场管理、管理资源、资源变更管理、资源退场管理和资源管理工作总结等。

10.1　资源管理策划

资源管理策划是定义如何估算、获取、管理和使用资源的过程。本过程的主要作用是在确保项目质量、安全、进度、费用、环保、职业健康等各项管理目标实现的基础上，努力实现资源的优化配置与高效使用，为吊装工程管理过程中对如何进行资源管理提供指南和方法。在吊装工程项目管理的启动阶段，吊装单位应建立资源管理制度，围绕项目管理目标和进度计划进行项目人力资源、实物资源和资金资源的计划、配置、使用和管理策划。资源管理策划完成后，应形成资源管理说明书。资源管理策划的工作条件、方法与工具、工作成果见图 10-1。

图 10-1　资源管理策划的工作条件、方法与工具、工作成果

资源管理说明书应包括（但不限于）以下主要内容
① 拟投入资源计划。
② 资源配置程序。可依据拟投入资源计划和项目实际需求分批次分阶段配置。
③ 资源入场管理程序与管理要求。如优先使用国家鼓励和推行使用的设备，法律明确规定的淘汰设备禁止入场。
④ 管理资源的程序和管理要求。如大型吊装机械的日常使用、维护保养、检修改造，以及工作调度等。
⑤ 资源变更管理程序与管理要求。
⑥ 资源退场程序与管理要求。
⑦ 资源管理工作总结要求。

10.2　资源准备

在吊装工程项目管理的准备阶段，建设单位应组织吊装单位做好项目资源准备工作，以保障项目有足够的资源可用并确保项目成功。这些资源可以来自组织内部，也可以通过采购、租赁或交换等方式从组织外部获取。资源准备的工作条件、方法与工具、工作成果见图 10-2。

图 10-2　资源准备的工作条件、方法与工具、工作成果

资源准备的主要工作包括（但不限于）以下内容：

① 人力资源准备。吊装单位应根据项目管理目标、设备交付计划和吊装计划，结合项目组织结构，编制人力资源需求和使用计划，制定项目组织图，明确项目成员的工作关系，落实人员的来源与到岗时间，配置人力资源，建立项目团队。在进行人力资源计划时，一方面，要从职务、角色、责任、权限、年龄、性别、经验、技术、能力、态度等方面综合考虑优化配置；另一方面，应适当考虑人力资源的成本控制。

② 实物资源准备。吊装单位应根据招投标文件、施工组织总设计、施工组织设计等文件，确定拟投入的设备、材料、机具等实物资源的清单，以及资源的来源与入场时间，并进行动态跟踪。

③ 技术资源准备。吊装单位应当对项目实施期间的技术资源与技术活动进行计划、组织、协调和控制，尤其是涉及知识产权和专利的技术资源。

④ 资金资源准备。吊装单位应对维持项目正常运行的资金资源进行计划和组织，建立资金管理制度，明确资金管控目标，降低资金使用成本，提高资金使用效率，分析并规避项目资金风险。

资源配置计划应以清单形式体现，并注明资源名称、资源型号、制造年份、数量、单位、计划入场时间、计划退场时间、来源地、当前状态、备注等信息。当前状态应注明是"闲置"或"在用"，如果当前状态为"在用"，应在备注里说明当前工作任务、任务进展和计划完成时间。资源配置计划表样式如附录 5：×××单位1.0 版拟投入吊装资源计划表。

在进行大型集群式工程建设项目吊装工程稀有资源准备时，尤其是 3000 吨级及以上等级的履带式起重机和液压提升系统等，可采用"稀有资源配置管理五步法"进行动态管控。通过资源计划、资源考察、资源锁定、定期承诺、持续关注五个环节的努力，以确保稀有大型吊装资源能够按需入场，保证项目进度。稀有资源配置管理五步法详见图 10-3。

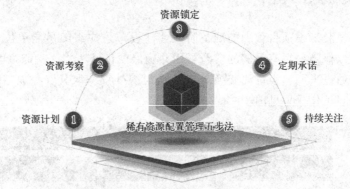

图 10-3 稀有资源配置管理五步法

10.3 资源入场管理

在吊装工程项目准备阶段，吊装单位应根据工作需要组织相应的管理团队入场，开展项目管理策划和相关准备工作。进入实施阶段后，吊装单位应根据工作需要适时组织项目管理团队、作业人员、吊装机械、吊装索具、资金等资源入场。实物资源入场管理的工作条件、方法与工具、工作成果见图 10-4。

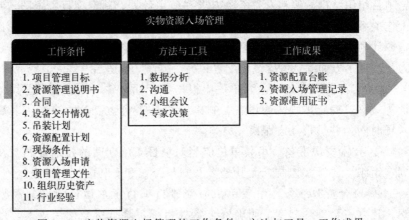

图 10-4 实物资源入场管理的工作条件、方法与工具、工作成果

吊装单位在吊装机械和吊装索具等实物吊装资源入场前，应依据项目管理文件中的程序、流程和模板等准备相关材料进行资源入场申请，获得建设单位、监理单位或者第三方管理单位（如有）批准后方可组织资源入场。如附录 6：×××项目大型吊车入场申请表。

10.4 管理资源

在吊装工程项目管理的实施阶段，项目管理者应制定资源管理政策，对投入项目的人力资源、实物资源、资金资源和技术资源进行有效管理，以确保资源得到安全、高效、规范和节约使用，并及时收集和整理资源使用数据，定期编制资源管理报告。管理资源的工作条件、方法与工具、工作成果见图10-5。

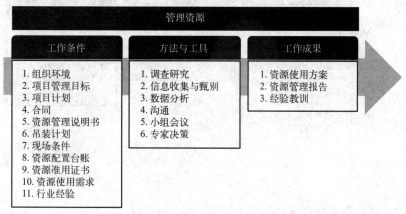

图 10-5　管理资源的工作条件、方法与工具、工作成果

大型吊装机械实物资源的使用应坚持以下原则：

① 坚持"总体统筹、科学决策"的原则。在资源使用决策时需要综合考虑工期、效率、成本、工作的紧急程度和重要性，以及可能存在的风险等，要确保吊装资源的入场时间和配置数量与项目建设进度相匹配，不可冒进、大意。

② 坚持"合理调度、有序组织"的原则。合理调度就意味着平衡，平衡就意味着有弃有保、有取有舍。在遇到需求与供给存在矛盾时，项目管理者应围绕"关键路径、关键装置、关键设备"进行合理调度、有序组织，以确保资源使用满足项目总体利益最大化。

③ 坚持"高效利用、费用节约"的原则。通过技术优化、合理安排工序、高效率组织施工等措施，提高资源的利用效率，节约费用。

在吊装工程项目实施期间，大型吊车调配图和大型吊车分布图可以有效帮助项目管理者领导吊装工作，发现并预见潜在的设备到货风险和现场作业条件准备风险。吊装单位应及时绘制并定期更新与发布。

10.5　资源变更管理

在吊装工程项目管理的实施阶段，如果项目环境、工作条件、资源配置、图纸交付、设备交付等发生变化导致资源配置计划需要变更的，项目管理者应按照相应的变更程序及时进行资源变更管理。资源变更管理的工作条件、方法与工具、工作成果见图10-6。

（1）资源变更包括（但不限于）以下主要原因

① 资源配置计划中原项目中工作进度滞后，资源无法及时释放。

② 资源出现故障，不能正常使用。

③ 从项目整体利益考虑，资源变更后整体效益更为有利。

④ 项目需求发生变化，出现重大方案调整。

⑤ 设备制造与交付滞后严重，外部需求和内部需求之间产生矛盾。

图 10-6　资源变更管理的工作条件、方法与工具、工作成果

（2）资源变更应执行以下程序

① 变更申请。吊装单位提出变更申请。

② 变更文件审核与批准。经监理单位、建设单位审核批准。

③ 执行变更。资源变更已经获得批准，应及时按照变更后的资源配置计划组织相关资源入场。

资源变更后，吊装单位应及时更新相关设备的吊装参数表、吊装资源的调配图和专项施工方案等相关文件。如因资源变更导致的吊装地基处理方案、吊装作业预留方案、吊车安拆方案、吊装作业专项施工方案产生重大变更的，应重新进行以上方案变更后的审批和专家论证等。

10.6　资源退场管理

在吊装工程收尾阶段，吊装单位应根据工作情况制定吊装资源退场计划，经监理单位和建设单位批准后，方可按吊装资源退场计划有步骤、分批次退场，以确保工作稳定。资源退场管理的工作条件、方法与工具、工作成果见图 10-7。

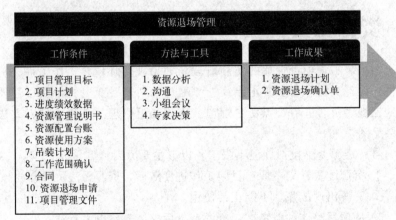

图 10-7　资源退场管理的工作条件、方法与工具、工作成果

资源退场应坚持以下三个原则：

① 坚持"先沟通后退场"的原则。吊装单位的主要管理人员、技术人员、安全管理人员，以及大型吊装装备退场前，吊装单位项目经理或具体负责人应与建设单位进行充分沟通，获得建设单位认可后，方可组织资源退场。大型吊装机械实物资源退场应建立资源退场审批制度，在没有经过建设单位同意的情况下不宜单方面退场。如附录7：×××项目大型起重机械退场申请单示例。

② 坚持"项目后续工作不受影响"的原则。保障项目后续工作不受影响是资源退场的前提条件。如因资源退场安排不合理、不科学造成重大工作影响的，相关单位的责任人应承担相应的管理责任。

③ 坚持"应退尽退"的原则。经过甲乙双方沟通，对需要且应该退场的资源，吊装单位应依据退场计划尽快组织资源退场，避免占用施工场地时间过长，影响项目建设。

10.7 资源管理工作总结

在吊装工程项目管理的收尾阶段，项目管理者应对资源管理中的良好实践和失败案例进行收集和整理，分析资源管理的亮点、优点和不足，及时总结经验和教训并提出改进建议，完善进度管理制度，编制资源管理工作总结，将资源管理的过程资产转化为历史资产。资源管理工作总结的工作条件、方法与工具、工作成果见图10-8。

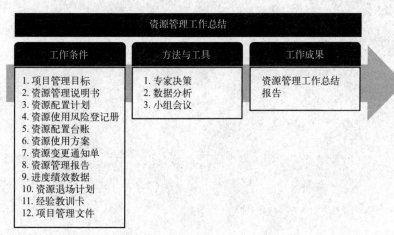

图 10-8　资源管理工作总结的工作条件、方法与工具、工作成果

资源管理工作总结报告应包括（但不限于）以下主要内容：

① 资源配置计划制定与执行情况。

② 资源使用效果。

③ 资源变更与执行情况。

④ 影响资源管理的重大事项说明。

⑤ 资源管理工作的建议。

⑥ 其他经验和教训。

第11章
质量管理

质量是支撑项目成果的基石，任何项目产出物的质量都是依靠相应的管理工作来保证的。项目质量管理包括把组织的质量政策应用于策划、管理、控制项目和产品质量要求，以满足相关方目标的各个过程。吊装工程项目质量管理应坚持缺陷预防的原则，按照策划、实施、检查、处置的方式进行系统运作，通过全员、全要素、全方位、全过程的管理，确保工程质量满足质量标准和相关方要求。其主要包括质量管理策划、编制质量计划、管理质量、控制质量、质量改进和质量管理工作总结等。

11.1　质量管理策划

质量管理策划是指识别项目及其可交付成果的质量要求和（或）标准，明确质量管理目标，建立质量管理的制度、程序和模板等，编制项目质量管理计划以描述项目将如何证明符合质量要求或标准的过程。本过程的主要作用是为如何进行质量管理提供指南和方法。在吊装工程项目管理的启动阶段，建设单位和吊装单位均应建立质量管理制度，围绕项目管理目标开展质量管理的策划工作。质量管理策划完成后，应形成质量管理说明书。质量管理策划的工作条件、方法与工具、工作成果见图 11-1。

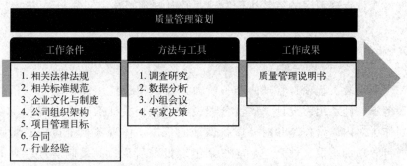

图 11-1　质量管理策划的工作条件、方法与工具、工作成果

（1）质量管理说明书应包括（但不限于）以下主要内容

① 质量方针和质量管理目标。质量目标反映了项目产品、可交付成果或服务满足用户明确或隐含需要的程度。质量目标的要求体现在三个方面：一是，合乎质量规范及规程的要求；二是，质量要求的等级要考虑实际作业技术水平是否能够达到；三是，在满足以上两条的前提下，尽可能降低消耗、节约成本。

② 质量管理体系和管理职责。项目质量保证体系是一个完整、科学的管理体系，它由国家的质量标准体系和相关行业的质量保证规范两大部分构成。项目质量保证涉及质量认知、质量文化和质保体系三个方面。其中，质量认知与质量文化强调质量保证本身的目的性，涉及质量管理主体内在的自觉性。项目最终的质量取决于项目实施的各个阶段和全过程，在项目整个实施过程中应把质量保证看成一个持续的管理过程，而不仅仅是针对最后的成果。项目成果的质量性能由诸多细节构成，应当坚持不懈地让所有项目成员参与到质量管理上来。质量管理措施的严格执行，不仅是质量部门的职责，更是全体人员，包括项目管理层、执行层、作业层以及全

体参与者在内的相关人员的共同职责。目前，工程类项目行业质量标准和规范要求，只要认真按标准进行严格把关，就能使项目质量得到保证。

③ 执行的法律法规和标准规范。

④ 质量管理与协调的程序。

⑤ 项目质量文件管理。

⑥ 质量管理工作总结要求。

（2）质量管理策划应依据下列文件开展

① 相关法律法规和标准规范。

② 合同中有关质量的约定条款。

③ 项目管理文件。

④ 质量管理的其他要求。质量管理需要兼顾项目管理与项目可交付成果两个方面。如果质量未达到要求，会给某个或全部项目相关方带来严重的负面影响，例如为了满足客户要求而让项目团队超负荷工作，可能导致项目利润下降、整体项目风险增加，以及员工疲劳、工作出错或返工；为了满足项目进度计划而仓促完成预定的质量检查，就可能造成检验疏漏、利润下降，以及后续安全风险增加。例如某工程建设项目在执行期间，制造厂为了满足客户要求尽快完成设备交付，竟然取消了吊耳焊接质量的出厂检验，极大地增加了现场吊装作业的安全风险，最终通过现场复检质量管理程序的有效执行发现并及时处理了这一问题。

11.2　编制质量计划

在吊装工程项目管理的准备阶段，建设单位应组织吊装单位依据项目特点、项目范围、施工组织设计、质量管理说明书和相关标准规范等编制质量计划。质量计划作为对内质量控制和对外质量保证的依据，体现项目全过程质量管理的要求，是项目管理的重要文件之一，应得到组织批准后执行。编制质量计划的工作条件、方法与工具、工作成果见图 11-2。

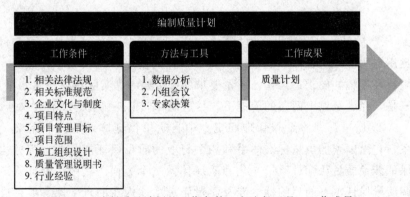

图 11-2　编制质量计划的工作条件、方法与工具、工作成果

质量计划主要包括以下内容：

① 质量目标分解。例如把总体质量目标细分为：吊装地基加固处理后承载力和稳定性检测率 100%、合格率 100%，钢丝绳、卸扣、吊装带、平衡梁等吊装索具质

量合格率 100%，吊装机械质量达标率 100%，吊耳吊盖检测率 100%、合格率 100%，对设备本体及其附属设施成品完好性保护（如长细比较大设备的抗弯和防变形保护，设备面漆保护，设备附属的散热翅片、外部盘管、梯子、平台、电器和绝热保护，反应器法兰密封面保护等）100%等。

② 质量管理体系和管理职责。

③ 执行的法律法规和标准规范。

④ 质量管理的主要内容及要求。如吊装地基处理区域的测量、放线、开挖、验槽、回填、检测，吊耳吊盖的设计图纸、计算书、制作过程、出厂检测、到达现场的二次复检，吊车的入场质量验收，吊装索具的实物完好性、合格证、相关报告等。

⑤ 明确实现质量目标必须提供的资源。包括检查、检测和试验所需的工器具等。

⑥ 质量管理与协调的程序。如质量验收申请、质量检查、业务流程的闭环管理，以及不合格品处置程序等。

⑦ 质量控制点的设置与管理。如 A、B、C 三级质量控制点的设置，以及质量要求等。

⑧ 实施质量目标和质量要求所采取的措施。如要求相关单位编制吊装地基承载力和稳定性检测方案、大型吊车检试验方案、吊装索具检试验方案、吊耳吊盖检测与复检方案专项检试验方案，确保检试验方法科学、工艺合理、工具合规、测量数据准确等。

⑨ 明确质量管理所使用的各种标准表格或模板，例如记录和报告数据的标准表格。制定标准表格或模板是为了将记录形成规范化的结构性质量管理活动，它既是及时分析质量情况采取改进措施的重要工具，也是及时向顾客和有关方报告进行沟通的重要手段。

11.3 管理质量

管理质量是指把组织的质量政策应用于项目，将质量计划转化为可执行的质量管理活动的过程。管理质量包括质量保证活动和过程改进活动，属于质量成本框架中的一致性工作。管理质量的目的在于主动预防，保证过程不出错误，实现质量一次合格，提高实现质量目标的可能性，同时，识别无效过程和造成质量低劣的原因。管理质量需要用到控制质量过程中的相关数据和结果以质量报告的形式向相关方展示项目的总体质量状态。管理质量的工作条件、方法与工具、工作成果，见图 11-3。

质量报告可以是图形、数据或者定性文件，其中，包含的信息应能够起到可以帮助其他过程或组织采取相应的纠偏措施，以实现项目质量期望的作用。

（1）质量报告的信息应包含（但不限于）以下内容

① 含团队成员反馈的全部质量问题。

② 过程中发现质量情况的概述。如人物、时间、地点、事件、原因、影响等。

③ 针对质量问题的纠正措施。如同意接受、100%检查或试验、修补、降级使用、返工等。

④ 避免过程、项目、产品或服务出现类似质量问题的改进建议。

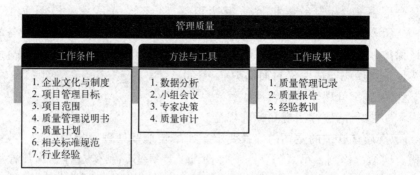

图 11-3 管理质量的工作条件、方法与工具、工作成果

管理质量的一个重要工具是定期组织质量审计。质量审计的作用是确定项目质量活动是否遵循了组织的质量政策、过程和程序的一种结构化过程。

（2）质量审计的意义包括（但不限于）的主要内容

① 识别项目全部正在实施的良好实践及最佳实践。

② 识别项目所有违规做法、差距及不足。

③ 分享所在组织或行业中类似项目的良好实践。

④ 积极、主动地提供协助，以改进过程的执行，从而帮助团队提升工作效率和工作效能，实现总体工作效果最佳。

⑤ 积累组织经验教训，更新组织的历史资产。

管理质量，预防胜于检查。很多时候，管理质量被看成是检查产品并从中挑选出优劣产品的工作，或者是查找问题。其实，管理质量从项目规划和工作设计时就要明确可交付成果的质量要求，而不是在过程检查时发现质量问题，因为预防错误的成本通常远低于在检查或使用中发现并纠正错误的成本。管理质量的重点从发现问题转移到避免问题发生，并为此制定了一系列质量保证原则，包括质量成本、零缺陷计划、可靠性工程、全面质量管理等。

项目质量成本中包含预防成本、评估成本、失败成本（内部失败成本和外部失败成本），详见图11-4。预防成本是指预防项目产品、可交付成果或服务质量低劣所带来的相关成本。评估成本是指评估、测量、审计和测试项目产品、可交付成果或服务所带来的相关成本。失败成本是指因产品、可交付成果或服务与相关方的需求或期望不一致而导致的相关成本。预防成本和评估成本均属于一致性成本，而失败

图 11-4 质量成本

成本属于不一致成本。

对于吊装工程而言，预防成本主要有施工组织设计和专项方案编制、审批、专家论证等文件准备，工作前的培训和方案交底等；评估成本主要包括吊装地基承载力和稳定性检测，吊装机械入场申请、考察、验收、测试、试验，钢丝绳、平衡梁、卸扣等吊装索具的检查、试验，吊耳吊盖的出厂检测和到达现场后的二次复检等；失败成本，主要有吊装单位自检过程中发现卸扣、钢丝绳、平衡梁使用错误或者不合适，路基箱铺设得不科学，吊车没有按照获得批准或专家论证的方案进行站位等造成的返工，以及因为工作质量缺陷产生来自监理单位和建设单位等的处罚、增加检测与试验，甚至失去部分工作业务等。事前编制方案、组织专家论证、方案交底、培训，以及检测、试验和复检等活动是最重要的、成本最低的一致性管理质量活动，可以提高一次性成功的可能。

（3）吊装工程项目管理中应遵循以下理论

① 过程管理理论。该理论摒弃那种只问结果不管过程的粗放型管理方法，首先制定每一具体过程的质量标准和要求，然后对每一过程的实施进行检查、检验、评价，发现有不合格项就及时纠正、消除，倡导用良好的过程管理保障获得预期结果。过程管理常用的方法就是 PDCA 循环，即计划—实施—检查—处置，通过 PDCA 的循环及时总结经验教训，持续改进。

② 三阶段控制理论。即对质量进行事前控制、事中控制和事后控制。事前进行计划和预控，事中进行自控和监控，事后进行偏差纠正。

③ 三全控制。是指全面质量控制、全过程质量控制和全员参与质量控制。

以上三种质量管理理论虽然提法不同，但是从内容实质来看，都是相同、相容的。

11.4 控制质量

控制质量是为了评估绩效，确保项目产品或可交付成果完整、正确且满足客户期望，而监督和记录质量管理活动执行结果的过程。本过程的主要作用是核实项目产品、可交付成果和工作已经达到主要相关方的质量要求，可供最终验收。控制质量的工作条件、方法与工具、工作成果见图 11-5。

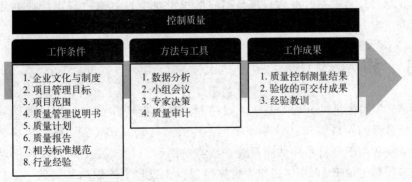

图 11-5 控制质量的工作条件、方法与工具、工作成果

控制质量包括跟踪、收集、整理实际数据，与质量要求进行比较，分析偏差，采取纠偏措施，进行质量问题处置。控制质量过程的目的是在用户验收和最终交付之前测量产品或服务的完整性、合规性和适用性，用可靠的数据来证明项目产品、可交付成果和工作满足所有适用法规、标准、规范和要求，达到预期目的。因此，项目管理机构应在控制质量过程中，跟踪、收集、整理实际数据，与质量要求进行比较，分析偏差，采取措施予以纠正和处置，并对处置效果进行检查。

（1）吊装工程项目管理控制质量应保证以下内容满足规定要求

① 专项施工方案交底。

② 实施过程质量控制点的设置。

③ 施工工序控制。吊装作业地基处理的测量、放线、开挖、验槽、分层回填，以及吊耳制作的焊接和复检等关键工序必须得到质量验收方检测合格后可进行下一工序的施工。施工工序控制的目的，在于通过检查及时发现过程中的错误，保证错误得到及时纠正。

④ 施工质量偏差控制。通过检查、核查，积极采取偏差纠正措施，确保可交付成果的质量受控。

质量控制点的设置宜根据工作的重要程度、风险的可接受程度等划分 A、B、C三个等级进行分级管控。设备吊装工程质量控制点设置样表，见附录 8。

（2）质量控制点的设置和执行应遵循以下原则

① A 级表示关键质量控制点，该控制点应包括对吊装作业具有重要影响的关键环节、重要工序和特殊过程，以及关键部位的隐蔽工程等。A 级质量控制点需在吊装单位的质量检查员和项目总工程师（或技术负责人）自行检查确认合格的基础上，经监理单位（或 PMC 第三方管理单位）和建设单位联合验收确认。

② B 级表示重要质量控制点，该控制点应包括对吊装作业具有较大影响的作业活动和作业环节等。B 级质量控制点需在吊装单位的质量检查员和项目总工程师（或技术负责人）自行检查确认合格的基础上，经监理单位专业工程师验收确认。

③ C 级表示一般质量控制点，C 级质量控制点由吊装单位的质量检查员和项目总工程师（或技术负责人）自行检查确认。

项目质量经理应定期组织检查、监督、考核和评价项目质量计划的执行情况，验证实施效果并形成报告。对出现的问题、缺陷或不合格，应召开质量分析会，分析原因，制定整改措施。项目部应按规定对项目实施过程中形成的质量记录进行标识、收集、保持和归档。

11.5 质量改进

质量改进的开展可基于质量控制过程的发现和建议，质量审计的发现或管理质量过程的问题解决。计划—实施—检查—行动（PDCA）和六西格玛（Six Sigma）是最常用于分析和评估质量改进机会的两种质量改进工具。六西格玛由摩托罗拉的工程师比尔于 1986 年提出，旨在通过减少过程中的缺陷和变异，提高产品或服务的质量和效率。六西格玛包括两个过程：六西格玛 DMAIC 和六西格玛 DMADV。六西格玛 DMAIC 是对当前低于六西格玛规格的项目进行定义、度量、分析、改善以及控制的过程。六西格玛 DMADV 则是对试图达到六西格玛质量的新产品或项目进行定义、度量、分析、设计和验证的过程。六西格玛的核心思想是通过数据分析和统计方法，识别和消除过程中的缺陷和变异，以达到高水平的质量和效率。

质量改进的工作条件、方法与工具、工作成果见图 11-6。

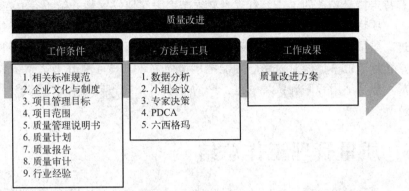

图 11-6　质量改进的工作条件、方法与工具、工作成果

有效和系统化地解决问题是质量保证和质量改进的基本要素。问题解决是指找到解决问题或应对调整的解决方案。它包括收集其他相关信息以及具有批判性思维的、创造性的、量化的和逻辑性的解决方法。

（1）问题解决方法通常包括以下要素

① 定义问题。问题可能在控制质量过程或质量审计过程中发现，也可能与过程或可交付成果有关。

② 识别产生问题的根本原因。

③ 生成可能的解决方案。问题的解决会有不同的方案，应尽可能多地从不同的角度和侧重点设计出不同的解决方案，以便从中选择最佳方案。

④ 选择最佳解决方案。使用结构化的问题解决方法有助于消除问题和制定长久有效的解决方案。

⑤ 执行解决方案。

⑥ 验证解决方案的有效性。

（2）项目进行质量改进应遵循以下原则

① 项目管理者应定期对项目质量状况进行检查、分析，向组织提出质量报告，明确质量状况、相关方的满意度、产品要求的复合性以及项目管理机构的质量改进措施。

② 项目管理者应根据不合格的信息，评价采取改进措施的需求，实施必要的改进措施。当经过验证效果不佳或者未完全达到预期的效果时，应重新分析原因，采取相应措施。

③ 应对管理机构进行培训、检查、考核，定期进行内部审核，确保项目质量的改进。

④ 应充分了解建设单位、监理单位和相关方对项目质量的意见，确定质量改进目标，提出相应措施并予以落实。

质量管理大师戴明认为质量管理是一个"持续改进的过程"，尽管许多质量缺陷不能被完全消除，但是可以通过逐步降低差异，最终达到零缺陷。这就要求质量改进必须分清影响质量的内在因素和偶发因素。其中，内在因素产生的原因大多是作业人员不愿意接受新的作业方式和质量控制措施；而偶发因素往往具有不可预见性，会突然导致影响质量等级的情况产生。对于项目任务执行过程中的创造性工作或具有特定质量要求的工作，管理者必须高度关注偶发因素并给予有力控制。

项目质量管理应坚持制度规范化、工作流程化、管理人性化、执行严格化。先进的质量管理理念，源于培养作业层正确的作业习惯并打造团队精神。作业层须认真才可以把事情做对，用心才能把事情做好，其核心是作业人员"匠心"意识的形成，包括"用心"确认每一道工序的要求、养成正确的作业习惯、严格遵守质量规范等。

11.6　质量管理工作总结

在吊装工程项目管理的收尾阶段，项目管理者应对质量管理中的良好实践和失败案例进行收集和整理，分析质量管理的亮点、优点和不足，及时总结经验和教训并提出改进建议，完善进度管理制度，编制质量管理工作总结，将质量管理的过程资产转化为历史资产。质量管理工作总结的工作条件、方法与工具、工作成果见图11-7。

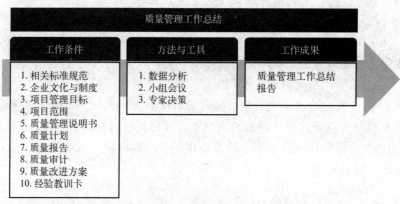

图 11-7　质量管理工作总结的工作条件、方法与工具、工作成果

质量管理工作总结报告应包括（但不限于）以下主要内容：

① 质量计划和质量目标的完成情况。

② 管理质量的主要活动及执行效果。

③ 质量控制的主要问题及影响。

④ 质量改进的经验教训。

⑤ 质量管理的建议。

⑥ 其他经验和教训。

第12章
安全管理

事故源于对规则的随意破坏，安全依靠对规则的持续遵守。大型设备吊装作业相对于其他专业具有"**高危、重要、难管**"三个显著特点，因此，吊装作业安全管理就显得异常重要。制定安全、科学、合理的制度、规则、规程和方案是安全管理的首要任务，努力激发全体员工做到全过程、全方位、全时段遵守规则，把行为习惯变得安全、把安全变成行为习惯是大型设备吊装安全管理持之以恒的奋斗目标。吊装工程安全管理主要包括安全管理策划、安全管理文件准备、管理安全、应急响应与事故处理和安全管理工作总结等。

12.1　安全管理策划

安全管理策划是识别安全管理风险、明确安全生产管理方针和目标、建立安全管理体系、细化安全管理文件编制要求与审批流程等安全管理说明的过程。本过程的主要作用是在整个吊装工程项目管理过程中对如何进行安全管理提供指南和方法。安全管理策划完成后，应形成安全管理说明书。安全管理策划的工作条件、方法与工具、工作成果见图 12-1。

图 12-1　安全管理策划的工作条件、方法与工具、工作成果

安全管理说明书应包括（但不限于）以下主要内容：

① 安全管理方针。吊装作业安全管理应当以人为本，坚持人民至上、生命至上，把保护人民生命安全摆放在首位，牢固树立安全发展理念，坚持"安全第一、预防为主、综合治理"的方针。

② 安全管理目标。如吊装作业零事故；职业健康卫生零事故；环境污染零事故；重大财产损失零事件；群体性治安零事件等。

③ 安全管理体系和安全管理职责。建设单位、监理单位、吊装单位应依法依规建立健全各自的安全生产管理体系，明确安全管理组织架构和安全职责。

④ 安全管理文件的内容及要求。

⑤ 管理安全的程序及要求。如安全控制要点的设置。

⑥ 应急响应与事故处理的程序及要求。

⑦ 安全管理工作总结要求。

12.2 安全管理文件准备

在吊装工程项目管理的准备阶段，项目管理者应组织相关人员依据项目规模、项目管理目标和要求、相关法律法规与标准规范制定全面、系统、详细、有针对性、可操作的安全管理文件，为项目实施期间管理安全提供支持和保障。安全管理文件准备的工作条件、方法与工具、工作成果见图 12-2。

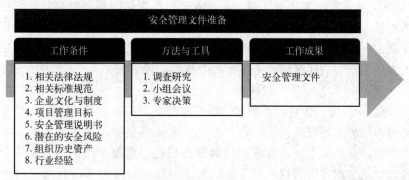

图 12-2 安全管理文件准备的工作条件、方法与工具、工作成果

吊装工程项目安全管理文件主要包括项目安全管理手册、项目安全管理制度、专业操作规程、开展入场安全教育培训的教材与考试试卷、工作危险性分析表、重大危险源登记册、作业许可票证（吊装作业许可票证、挖掘作业许可票证、高处作业许可票证、临时用电作业许可票证等）、安全检查表、安全计划书、应急预案等。

12.2.1 制定安全管理手册

项目安全管理手册由封面、前言、目录和正文组成，正文部分应包括（但不限于）以下主要内容：

① 安全手册的使用范围。

② 安全手册的编制依据。

③ 安全守则中相关概念的定义。

④ 项目安全管理方针和目标。

⑤ 项目安全管理的理念。如"一切事故都是可以避免的！""事故源于对规则的随意破坏，安全依靠对规则的持续遵守""所有的事故都可以归于管理上的失误、良好的 HSE 业绩是企业成功的关键"等。

⑥ 安全文化。

⑦ 安全行为规定。

⑧ 员工的安全权利与义务。

⑨ 员工入场安全教育培训要求。

⑩ 安全风险提示及危险场所的警示标志。

⑪ 相关作业票证办理流程及要求。如吊装作业票、挖掘作业票、占道作业票、高处作业票等。

⑫ 常见职业危害及预防知识。

⑬ 应急响应及急救的程序，包括应急响应流程、联络人、联系方式、紧急集合点、逃生路线等。

12.2.2　建立健全安全管理制度

项目经理是项目安全管理的第一责任人，应组织项目团队依据相关法律法规、标准规范和本企业安全管理制度的要求，建立健全项目管理部安全生产规章制度，主要包括（但不限于）以下内容：

① 全员安全生产责任制。全员安全生产责任制是各级领导、职能部门、工程技术人员、岗位操作人员在劳动生产过程中对安全层层负责的制度，它是企业岗位责任制的一个组成部分，是企业安全生产和劳动保护管理的核心，其主要包括各岗位的责任人员、责任范围和考核标准等内容，如附录9：×××项目全员安全生产责任制示例。

② 安全生产教育培训制度。吊装单位应严格落实从业人员三级安全教育培训和建设单位的入场安全教育培训、考试、取证等制度，使从业人员具备必要的安全生产知识，熟悉安全生产规章制度和操作规程，掌握本岗位的基本安全操作，知悉自身在安全生产方面的权利和义务。吊装单位项目经理部应每周开展一次项目级安全教育，各作业班组每天在开工前应开展一次班组级安全教育，分享安全事故案例、提示工作风险、强调安全条件的落实，使作业人员了解事故应急处理方法与措施。

③ 作业许可与监护制度。对吊装作业、高处作业、挖掘作业、临电作业等施行作业许可，作业前需要办理相关票证，作业过程中设定安全监护人员。

④ 事故隐患排查治理制度。吊装单位应加强对重大危险源的识别、检测、评估、监控，制定应急预案，构建隐患排查治理预防机制，督促、检查本单位的安全生产工作，及时消除生产安全事故隐患，确保安全生产。

⑤ 安全风险分级管控制度。例如将吊装作业分为一级作业、二级作业、三级作业进行管理，以及将大型吊装主吊车负载率90%设置为管控点，超过90%时进行升级管理也是一种防范化解重大风险的分级管理机制。

⑥ 消防安全责任制度。确定消防安全责任人，制定用火、用电、使用易燃易爆材料等各项消防安全管理制度和操作规程，设置消防通道、消防水源，配备消防设施和灭火器材，并在施工现场入口处设置明显标志。

⑦ 吊装机械管理制度。如机长制，明确机械管理负责人，定期进行检查、维修和保养，建立相应的资料档案，并按照国家有关规定及时报废。

⑧ 危险性较大分部工程专项施工方案专家论证制度。危险性较大的专项施工方案在获得单位技术负责人批准和监理单位审核后，吊装单位应组织专家论证，确保方案科学、合理、安全、节约。

⑨ 专项施工方案交底制度。大型吊装机械安拆、吊装地基加固处理、吊装作业等专项工程施工前，吊装单位项目技术人员应当向施工作业班组、作业人员进行方案交底，对施工方案的内容、步骤和要求作出详细说明，确保作业正确且安全，并由双方签字确认。

⑩ 吊装作业桌面演练制度。在吊装准备基本结束，吊装机械到位、吊装索具系挂前组织桌面演练，建设单位、监理单位，以及吊装单位的项目管理人员、作业人

员、起重指挥人员、监护人员等参加，由作业人员、起重指挥和监护人员复述作业过程、要点、风险和风险应对措施，技术人员、管理人和安全人员做提示和补充，以确保每个人清晰地知道自己的工作职责、内容、风险和应急程序，确保作业过程安全。

⑪ 安全技术交底制度。在吊装作业准备结束、试吊之前，应进行安全技术交底，对作业过程中存在的风险、应对措施、责任人等进行交底。

⑫ 吊装作业前联合检查制度。吊装单位在安全技术交底后组织监理单位、建设单位进行联合检查。

⑬ 起吊令签署制度。吊装单位对大型吊装作业应设定吊装总指挥，并签发起吊令下达吊装开始命令。

⑭ 安全事故隐患治理与应急救援制度。吊装单位应根据项目风险制定生产安全事故应急救援预案，依法组织演练及救援工作。

⑮ 事故应急演练制度。

12.2.3 制定操作规程

吊装单位应依照相关法律法规、标准规范与规程制定本项目管理部的《起重作业安全操作规程》、《大型起重机安全操作规程》和《大型起重机拆/组作业安全操作规程》等。

(1)《起重作业安全操作规程》应包括（但不限于）以下主要内容

① 常用机具索具的使用要求和注意事项。如钢丝绳、无接头绳圈、合成纤维吊装带、卸扣、千斤顶、滑轮（组）、手拉葫芦（倒链）、卷扬机、吊钳、平衡梁等吊装机具索具的维护保养和注意事项。

② 起重作业人员应遵守"十不吊"的规定。

③ 起重工安全作业要求。

a. 起重工进入现场要求，如起重工适合年龄 18 周岁至 55 岁之间，经过专业安全培训，并考试合格持有特种作业操作证方可上岗作业；新员工进入施工现场前必须进行入场安全教育，未经安全知识教育和培训不得进入施工现场从事起重吊装工作。

b. 起重班组长要求，起重班长安排当天工作内容，必须分工明确，交底清楚，责任到人，工作安全交底内容体现在班组日记；起重班长根据各小组作业内容，对工作有难度、安全风险大的作业小组进行督促指导。

c. 工件吊装要求，起重作业人员严格执行吊装方案，如发现方案与实际有偏差，及时向现场施工、技术负责人汇报，严禁未经许可私自变更吊装方案实施起重吊装作业；工件吊装过程中，如遇地基下沉现象，立即停止吊装作业，检查地基下沉的深度及起重机整体的稳定性，并采取安全措施，如地基下沉严重，信号指挥要果断决策，指挥设备就近落钩，释放吊装重量；起重机载荷宜控制在本机额定起重量的 90%，严禁超负荷吊装工件；两台起重机同时起吊工件时，必须有专人统一指挥，分工明确，两机的升降速度应保持同步，其工件的重量不得超过两机额定起重量总和的 75%，两机分担的重量不能超过额定起重量的 80%；重大等级工件正式吊装前应进行试吊。

d. 特定条件的起重施工要求，如利用结构进行起重施工时，应对承载的结构在受力条件下的强度和稳定性进行核算；对于多层厂房或框架结构内工件的吊装，应考虑工件水平运输和垂直运输的通道及吊装机械的站位位置，应有施工单位和设计单位共同确定起重施工技术方案和吊装作业条件。

e. 工件吊装信号指挥要求，信号指挥应由技能熟练、经验丰富、工作责任心强的员工担任，刚取得操作证员工须在师傅带领下工作，且不得担任信号指挥；吊装信号指挥人员应站在能够照顾全面工作的位置，若信号指挥者与吊车司机中间有障碍物时，应设专人传递指挥信号；工件吊装时，只允许一名指定人员发出吊装指挥信号，不容许多人同时给出吊装指挥信号；工件吊装中，吊装信号指挥无论谁发出紧急停车信号，均立即执行，确保安全后，再次进行吊装作业。

(2)《大型起重机安全操作规程》应包括（但不限于）以下主要内容

① 机组人员配备条件、管理要求与职责。机组人员必须持证上岗，切实做到"定人、定机、定岗"；严格遵守工作纪律，不得擅离工作岗位；杜绝非机组人员上机操作，吊装作业时杜绝非机组人员进入操作室；掌握大型起重机使用和维护保养知识，努力提高专业技术水平；按时填报设备的保养维护反馈信息表，对设备的失保、失修负责；机长负责机组的日常管理工作；负责大型起重机的技术、质量、安全等工作；负责大型起重机拆解、组装、运输全过程的组织协调及指挥工作，并确认零部件运输清单；主操作机师负责机体拆解、组装、运输过程的监督监护工作，负责大型起重机拆解、组装过程中的操作配合工作，负责运转记录的填写、机容机貌等的管理工作，并对大型起重机的安全操作负责。

② 现场使用管理。大型起重机现场作业时按照吊装方案要求铺设走道板，以增加稳定性。大型起重机行驶路线应与沟渠、基坑保持适当距离，履带外沿距边沿≥0.5m；行走路线须进行必要的地基处理，再铺设走道板。大型起重机带载行走时，其载荷不得超过大型起重机额定起重量的70%；吊物应在大型起重机的正前或正后方，起升高度离地面≤0.2m；拴好溜绳，安排人员监护并缓慢行驶。

③ 大型起重机临时停放要求。严禁在斜坡上停放；严禁在消防通道上停放；履带外沿与沟渠、基坑安全距离应≥0.5m；起重机在停止作业时，必须将物件卸下；作业完毕后，臂杆应停放在40°～60°角，关闭电源开关；起重机臂杆最大仰角不得超过85°；起重机行走转弯不能过急，如转弯角度较大应分几次转弯，每一次不得超过20°；在电缆沟、下水道、消防管线上方作业或行走时，应采取有效的安全措施，如填实细沙后再铺设钢板等。起重机在靠近架空输电线路作业时，应采取有效的安全措施；臂杆或吊物与架空输电导线的最小安全距离应符合表12-1规定。

表 12-1　安全距离

项目	输电导线电压/kV				
	<1	1～5	20～40	60～110	<220
安全距离/m	1.5	3	4	5	6

④ 维护、维修及特检管理。

a. 设备维护、维修、保养应按照本机的《操作、使用和维修手册》及有关规定进行，定期检查、加注规定要求的各种润滑油、脂，以保持良好的车况；不得擅自随意更换代用油、脂，若须更换代用，须经技术负责人书面同意批准后方可实施（并拟订新的换油周期）。

b. 推行"点检定修制"，加强特种设备的动态管理，以改善其运行状态，点检部位必须是设备的关键部位并能反映设备的运行状况。操作人员发现隐患应及时向单位领导汇报，重大隐患要及时上报公司主管部门；配合维修、保养的专业维修人员由公司委派，配合维修的专业人员应相对稳定，应具有良好的专业水平及责任心；有关部门应协助机组定期对专业维修人员、组装人员进行技术培训。

c. 保养计划下达后，队、项目部或机组应按照保养时间强制保养，不得超期或漏保，机组应将保养情况做好记录及时反馈给设备管理部门；设备须维修时必须由专职工程技术人员定项，报公司技术负责人批准后，方可安排进厂修理，修理资料存档备案。设备更换主要部件（或总成）时，必须经技术部门的鉴定确认，技术负责人审核后方可实施，将相关资料存档备案。

d. 设备的特检管理。新设备在投入使用前，设备管理部门牵头，由公司组织按照特检条例，向地方技术监督局进行检验注册，经检验合格，下发《流动式起重机检验报告》《安全使用许可证》后，方可投入使用；并按特检条例要求每年按期定检。

e. 操作人员必须取得地方技术监督局核发的《特种设备作业人员资格证》后方可上岗，并随身携带原件或复印件备查。起重机《安全技术操作规程》和《安全使用许可证》原件等有效证件应悬挂在设备的显著位置；《流动式起重机检验报告》复印件随车携带备查。

⑤ HSE 管理。严格遵守《中华人民共和国安全生产法》及《建设工程安全生产管理条例》；按公司《HSE 管理体系文件》的相关规定进行管理。大型起重机的操作要严格遵守操作规程。违章作业、违章指挥、作业环境不符合安全要求时，作业人员有权拒绝。坚持起重机械作业"十不吊"的规定。起重机作业时必须设置警戒线；起重臂及重物下方禁止人员停留或通过。

（3）《起重机拆/组作业安全操作规程》应包括（但不限于）以下内容

① 总则。对起重机操作规程的适用范围、编制原则、编制依据，对相关作业人员要求等进行说明。

② 安全技术要求。如起重机机组人员必须经过专业培训，持相应的特种作业操作证上岗，且掌握所操作起重机的结构性能及拆/组流程，熟悉操作方法、保养规程和起重指挥信号。

③ 组拆保护要求。如部件的润滑保护要求、液压油管的保护要求、电气设备的组拆保护要求。

④ 技术参数。主要对起重机工况配置情况和主要技术参数进行说明，如主臂工况：24~84m；超起塔式副臂工况：主臂（30~84m）+塔式副臂（24~84m）；固定副臂工况：轻型臂（54~96m）+固定副臂（12m）。

⑤ 施工准备。组装场地准备，如组装和吊装场地的地基处理必须按方案执行，地面平坦、坚实，有足够的承载能力满足起重机组拆要求，坡度不大于 5‰；辅助机械及机索具准备。

⑥ 组装工序。详细介绍主机卸车、履带安装、车身压重的安装、后配重的安

装、超起桅杆安装、主臂组对安装等操作步骤，以及技术要求与注意事项。如主臂接杆过程中马镫必须支垫平稳，保持杆的水平状态，马镫与杆接触面须铺垫枕木或垫板；主臂扳起前必须对各部位紧固情况，臂杆保险销、电路、油路以及臂杆上有无杂物进行仔细检查。

⑦ 拆除工序。拆除工序为组装的逆序。

⑧ 操作要点。

a. 作业前操作要点：熟悉工作现场周围环境；按照要求对起重机进行各项检查；接通整车送电钥匙开关，如发现燃油异常时，不可以启动发动机；发动机运转时，必须注意观察发动机转速、工作时间、机油压力、机油温度、冷却液温度、液压过滤器指示进度条、燃油指数进度条等参数，如有异常立即关断发动机等。

b. 作业中操作要点：必须注意观察拉力传感器数值、风速、倾斜度、各棘轮锁止机构工作状态，各防后倾油缸压力值等各项数据；掌握载荷变化情况，必须控制起重机的作业速度，严禁超载作业；收放各工作机构钢丝绳时，必须时刻关注卷扬机的工作状态，防止卷筒上钢丝绳没有松散；回转运动的启动和制动必须保持平缓，防止负载摆动和失去控制；必须保持吊钩的滑轮组在同一水平面上；紧急"关机"按钮只能用在真正危急情况下，而不作为操作关机装置使用；不得用各限位开关作为机器动作正常停止等。

c. 作业后操作要点：经过重载或长时间作业的起重机械停止作业后，必须回到怠速状态三分钟，待发动机降温后，再关闭发动机。

⑨ 应急处理。明确应急处理流程、应急处理信息的传递、组拆过程中常见的意外状况及处理方式等。

⑩ 附件。如部件明细表、履带起重机扳起前联合检查确认表、履带起重机日常检查表等。

12.2.4　编制安全计划书

吊装单位应按照《石油化工建设工程施工安全技术标准》GB/T 50484 等相关标准规范的要求编制《项目安全计划书》，经监理单位和建设单位审核、批准后执行，接受建设单位和监理单位对《项目安全计划书》执行情况的专项检查，对建设单位和监理单位依法依规提出的整改意见予以积极整改。

《项目安全计划书》的主要内容包括（但不限于）以下主要内容：

① 编制依据。安全管理体系文件；安全目标；适用的法律法规、标准规范以及相关规定；项目招标文件、投标文件及项目合同；项目危险源和环境因素的识别与评价结果；项目管理实施规划。

② 工程概况。应介绍工程名称、规模和特点、主要工作内容；地理位置和环境；项目建设周期；主要风险等工程项目的基本概况。

③ 安全管理承诺、方针和目标指标。吊装单位应根据建设单位的安全管理承诺、安全管理方针和目标指标及相关法律法规的安全要求，明确本单位项目管理的安全管理承诺、安全管理方针和目标指标，并对员工安全培训率、可记录事故率、损失工时事故率、急性职业病、群体性公共卫生事件、群体性治安事件、火灾爆炸事故、重大财产损失事件、重大交通事故等安全管理指标进行量化。

④ 安全管理组织结构及职责。根据项目施工管理的特点建立以项目经理为安全第一责任人的项目施工现场安全管理组织机构，明确各类人员在安全管理中的具体职责，制定安全管理人员业绩考核制度，定期组织考核。项目安全管理组织结构应以图文形式明确；项目安全管理体系中各岗位职责应以职责分配表的形式予以阐明。

⑤ 安全管理内容。吊装单位应根据建设单位安全管理体系文件规定和项目实际情况，明确项目安全管理的内容和要求。如国家、地方政府和安全监督管理部门的相关安全要求；建设单位安全管理体系文件的相关规定；项目范围内重大危险源和重要环境因素清单及项目安全管理措施等。

⑥ 安全培训教育。培训的范围包括作业人员、来访人员、提供现场服务人员等，安全培训的内容、安全培训方式、安全培训的要求。

⑦ 危险源识别及风险预防措施。吊装单位应对施工作业实施危险源辨识和风险分析，制定并采取有效的风险控制和削减措施。风险分析应形成独立的风险分析报告或在施工方案中予以体现，主要内容包括：主要施工作业描述；风险分析、事故预测；风险和危害控制与削减措施；危险性作业异常或紧急情况下的应急预案。

⑧ 环境因素识别、控制措施。吊装单位应在《项目安全计划书》中确定在项目施工管理活动中可能对施工过程造成影响的环境因素，制订切实可行的控制措施，以便在施工时对这些重要环境因素进行有效的控制，避免周边环境对施工现场造成影响。

⑨ 安全沟通。现场安全管理部门应根据公司管理体系并结合现场实际，制定安全内部和外部的沟通方式和沟通程序。安全的沟通方式包括：公告栏、安全会议、警示牌或标语、E-mail、传真、口头传达、通知书、报告等。安全例会及专项会议是进行安全沟通的有效手段之一。吊装单位项目管理部门应建立健全安全会议制度，并定期召开安全会议。通过安全会议使参与项目建设的各方人员了解安全状态、存在的安全隐患，及时沟通安全信息，交流好的经验，纠正违章现象，促进工程建设项目达到预期安全目标。

⑩ 应急管理。

⑪ 事故预防与事故处理。

⑫ 现场安全防护。对吊装地基处理、开挖后的基坑安全、高处作业防护、临时用电安全防护、吊装机械安全防护等。项目施工现场在可能造成人员伤害的区域设置安全防护设施的基本要求进行说明。

⑬ 现场施工安全管理。对开挖作业、高处作业、脚手架搭设作业、起重作业、吊篮作业、机械设备与电动工具操作、现场环境管理等施工作业进行安全管理的措施和要求。

⑭ 文明施工管理。在开工前对具有各自功能的区域进行总体规划和布置，保持合理的布局。明确文明施工的规定，保持现场的整齐、清洁和道路畅通，推行标准化工地。

⑮ 隐患治理。吊装单位应落实隐患治理负责人，按隐患治理"四落实"的原则，对隐患治理提供技术和资金支持，对隐患治理项目进行跟踪检查，监督完成情况，做好所承揽工程建设期间安全管理体系及现场施工方面的隐患自查自纠工作，并建立隐患治理档案。同时，对于建设单位、监理单位及上级部门在现场监督检查

过程中发现存在安全隐患，应落实限期整改。

⑯ 安全奖惩。吊装单位应推行科学合理的管理方式，建立《安全绩效考核和奖惩管理政策》，并将其落实到各项作业活动之中，严禁以罚代管。

⑰ 分包安全管理。如有施工分包的，吊装单位应按要求选择合格的施工分包商，并建立有效的管理机制对分包商的施工进行全过程的监督管理，确保安全管理规定和要求得到有效落实，坚决杜绝"以包代管"。吊装单位对施工分包商的管理主要包括安全管理文件审批、开工前的准备及确认、作业许可证审批、作业过程的协调监督、安全技术措施的落实、事故报告、安全表现评价。

⑱ 安全监督检查。吊装单位应按照项目安全有关规定和要求对施工现场实施全方位的监督检查，通过安全监督检查，及时发现和消除事故隐患，纠正违章行为，改善安全管理状况，提高安全管理水平。

⑲ 安全文件、记录管理。吊装单位应对有关安全管理文件、资料、记录、报告等资料，明确编制（或取得）、修订、更改、审批、发放、保存、回收的管理程序。

12.2.5 制定应急预案

重大危险源是指长期地或者临时地生产、搬运、使用或者储存危险物品，且危险物品的数量等于或者超过临界量的单元（包括场所和设施）。危险物品是指易燃易爆物品、危险化学品、放射性物品等能够危及人身安全和财产安全的物品。重大危险源的安全管理措施包括登记建档，定期检测、评估、监控，制定应急预案，告知从业人员和相关人员在紧急情况下应当采取的应急措施，备案，信息共享，详见图 12-3。

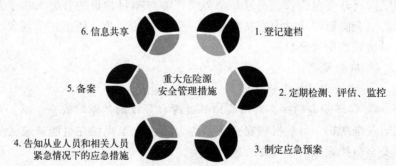

6. 信息共享　　1. 登记建档

5. 备案　　重大危险源安全管理措施　　2. 定期检测、评估、监控

4. 告知从业人员和相关人员紧急情况下的应急措施　　3. 制定应急预案

图 12-3　重大危险源安全管理措施

对于吊装工程而言，无论是被吊装的物体还是吊装机具都属于重大危险源。吊装工程项目开工（或施工作业）前，吊装单位应根据安全生产法要求编制现场应急预案，成立应急小组，制定应急程序，准备应急物资并进行应急演练，保证每个员工都熟悉应急预案和紧急情况下的应急动作。

（1）应急预案分为综合应急预案、专项应急预案和现场处置方案三个等级

① 综合应急预案是指吊装单位为应对整体项目安全事故而制定的综合性工作方案，是本单位应对生产安全事故的总体工作程序、措施和应急预案体系的总纲。

② 专项应急预案是吊装单位为应对某一单元、装置或区域位置安全事故而制定

的专项性工作方案。

③ 现场处置方案是吊装单位针对单次吊装作业安全事故所制定的应急处置措施。重点规范事故风险描述、应急工作职责、应急处置措施和注意事项。

大型设备吊装工程应急预案编制可根据具体项目情况进行确定，可以按照标段对整个吊装工程编制综合应急预案，按照单元/装置编制专项应急预案，按照单次吊装作业制定现场处置方案（可以单独编制，也可包含于吊装作业专项施工方案之中）。

（2）编制应急预案应做以下工作

① 对可能发生的事故险情进行识别和分类。

② 对事故严重性进行分类。

③ 明确事故应急组织。

④ 确定事故应急抢险原则。

⑤ 明确事故应急保障系统（通信、消防、医疗卫生、物资供应）及应急调度系统的职责。

⑥ 明确应急可依托的力量。

⑦ 明确详细的应急行动程序。

（3）应急预案主要编制依据包括以下内容

①《突发事件应急预案管理办法》（国办发〔2024〕5号）

②《生产安全事故应急预案管理办法》（第2号令）

③《生产安全事故应急条例》（国务院第708号令）

④《生产经营单位生产安全事故应急预案编制导则》（GB/T 29639）

⑤ 其他适用的法律法规、地方政府出台的相关管理办法和要求等。

（4）应急预案主要包括（但不限于）以下内容

① 应急预案体系。吊装单位应依据事故风险评估及应急资源调查结果，结合本单位组织管理体系、生产规模及处置特点，合理确定。

② 应急组织机构及职责分工。

③ 应急处置措施。

④ 应急响应程序。按照有关规定和要求，确定事故信息报告、响应分级与启动、指挥权移交、警戒疏散方面的内容，落实与相关部门和单位应急预案的衔接。

⑤ 相关附件。如平面布置图、区域位置图、危险点源图、消防设施图、紧急集合点与逃生路线图。

（5）应急预案的编制应当符合下列基本要求

① 有关法律、法规、规章和标准的规定。

② 本地区、本部门、本单位的安全生产实际情况。

③ 本地区、本部门、本单位的危险性分析情况。

④ 应急组织和人员的职责分工明确，并有具体的落实措施。

⑤ 有明确、具体的应急程序和处置措施，并与其应急能力相适应。

⑥ 有明确的应急保障措施，满足本地区、本部门、本单位的应急工作需要。

⑦ 应急预案基本要素齐全、完整，应急预案附件提供的信息准确。

⑧ 应急预案内容与相关应急预案相互衔接。

应急预案的编制应遵循以人为本、依法依规、符合实际、注重实效的原则，以应急处置为核心，体现自救互救和先期处置的特点，应急职责明确、应急程序规范、应急措施科学，力争简明化、图表化、流程化。有下列情形之一的，应急预案应当及时修订并归档。

① 依据的法律、法规、规章、标准及上位预案中的有关规定发生重大变化的。

② 应急指挥机构及其职责发生调整的。

③ 安全生产面临的风险发生重大变化的。

④ 重要应急资源发生重大变化的。

⑤ 在应急演练和事故应急救援中发现需要修订预案的重大问题的。

⑥ 编制单位认为应当修订的其他情况。

应急预案修订涉及组织指挥体系与职责、应急处置程序、主要处置措施、应急响应分级等内容变更的，修订后应按照有关应急预案的管理程序重新进行审批、报备或备案。

12.3 管理安全

管理安全是指项目管理者通过采取技术和管理提高团队人员的安全意识、安全技能、安全管理水平，及时发现并消除安全事故隐患，确保人的行为和物的状态安全受控，使安全管理方针得到贯彻、安全管理目标得到实现、安全生产事故得到遏制的一系列管理活动的总称。在吊装工程项目管理的实施阶段，项目管理者应及时收集、记录和整理管理安全的相关信息，以安全报告的形式向相关方展示项目的总体安全状态。管理安全的工作条件、方法与工具、工作成果见图12-4。

图 12-4　管理安全的工作条件、方法与工具、工作成果

安全报告可以是图形、数据或者定性文件，其中包含的信息应能够起到可以帮助其他过程或组织采取相应的纠偏措施，以实现项目安全目标的作用。

（1）安全报告的信息应包含（但不限于）以下内容

① 含团队成员反馈的全部安全问题。例如各种违章行为。

② 过程中发现安全情况的概述。如人物、时间、地点、事件、原因、影响等。

③ 针对安全问题的应对措施。如限期整改安全防护措施、立即停止作业进行整

改等。

④ 避免类似安全问题出现的改进建议。如加强宣传、培训教育、修订安全管理制度、加强考核、举行安全活动等。

（2）管理安全的原则包括（但不限于）以下内容

① 坚持以人为本的原则。坚持人民至上、生命至上，始终把保护人民生命安全摆在首位。

② 坚持预防为主的原则。牢固树立安全发展理念，坚持安全第一、预防为主、综合治理的方针，通过构建安全风险分级管控和隐患排查治理双重预防机制，健全风险防范化解机制，提高安全生产水平，从源头上防范化解重大安全风险，确保安全生产。

③ 坚持教育培训的原则。加强对从业人员的安全生产教育和培训，通过对有关安全生产的法律、法规和安全生产知识的宣传，增强从业人员的安全生产意识和安全技能。

④ 坚持体系管控的原则。牢固树立"主要负责人是安全生产第一责任人，对本单位的安全生产工作全面负责"的安全理念，明确各岗位的责任人员、责任范围和考核标准等内容，通过体系管控落实全员安全生产责任制。

⑤ 坚持过程监督的原则。严格执行安全生产规章制度，加大对安全生产资金、物资、技术、人员的投入保障力度，改善安全生产条件，确保安全目标得到实现。

⑥ 坚持标准化和信息化建设的原则。

（3）管理安全常用的方法和手段包括（但不限于）以下内容

① 加强吊装作业前安全培训教育。吊装作业前的安全培训教育包括思想教育、法律法规、标准规范、安全知识、专项施工方案交底、安全风险提示、应急响应与安全事故处理等内容，以提高作业人员的安全意识和安全技能。

② 加强吊装作业过程中的监督检查。吊装作业安全管理，不仅要通过选择成熟的吊装工艺、进行准确而全面的数据计算、设定合理的吊装步骤、编制科学的吊装方案等技术手段，从源头上防范化解重大安全风险，确保吊装作业本质安全；更要通过过程的监督检查等管理手段，及时发现人的不安全行为和物的不安全状态并进行改进，确保人、机、料、法、环等各项要素始终处于安全受控状态，实现吊装作业过程安全。

③ 定期组织安全生产会议。总结当前阶段安全生产工作整体情况，通报监督检查发现的不安全行为，尤其是安全生产问题突出的单位、作业区域和事故类型应重点通报，分享安全事故案例，总结安全生产管理的经验教训，对未来阶段安全生产工作提出改进要求和建议。

（4）设备吊装作业的过程安全管理

吊装单位安全管理体系健康运行和主体责任落实是大型设备吊装作业过程安全的基础，监理单位安全监督检查体系良好运行是大型设备吊装作业过程安全的保障，建设单位安全巡检巡查制度的落实是大型设备吊装作业过程安全的最后防线。设备吊装作业过程安全管理主要有加强吊装准备的过程监督、加强试吊前安全管理、加强试吊作业管理、加强正式吊装的过程监督四个环节，详见图12-5。

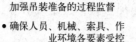
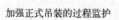

加强吊装准备的过程监督
- 确保人员、机械、索具、作业环境各要素受控
- 确保审批后的吊装方案得到正确执行

加强试吊前安全管理
- 强化对桌面演练、安全交底、联合检查、签署起吊令等活动规范性管理

加强正式吊装的过程监护
- 强化监护人员的设置、职位分工、应急处置等管理，保证风险被及时识别，应急有效

加强作业试吊管理
- 强化试吊作业的有效性管理

图 12-5 设备吊装作业过程安全管理四环节

① 加强吊装准备的过程监督。设备吊装作业准备工作的过程监督主要是保证吊装作业准备工作正确，人、机、料、法、环5个要素受控。

a. 人员的安全管理。在吊装准备过程中重点监督检查吊装单位项目经理、项目技术负责人、项目安全管理人员的履职情况，以及起重工、吊车司机等作业人员是否持有效作业证件、是否经过安全教育与培训、是否具备相应的工作经验和工作能力、身体健康和精神状态是否符合安全管理规定，劳保着装是否规范、作业活动是否符合安全管理制度和操作规程的要求等。

b. 机械的安全管理。在吊装准备过程中重点监督检查吊装单位使用的吊装机具是否符合《中华人民共和国特种设备安全法》《特种设备安全监察条例》《施工现场机械设备检查技术规范》JGJ 160、《起重机械超载保护装置》GB/T 12602、《起重机械安全技术规程》TSG 51、《特种设备使用管理规则》TSG 08 等现行法律、法规、条例、规范的要求；吊装机具是否按照规定的程序进行入场申请、检查验收、批准使用、日常保养与维护；吊装机具的产品合格证、设备铭牌、特种设备使用登记证、首次检验报告、定期检验报告、设备保险单、设备租赁合同、安全租赁协议等是否齐全；吊装机具是否处于安全状态等。

c. 吊装索具的安全管理。在吊装准备过程中重点监督检查吊装用钢丝绳、卸扣、平衡梁等质量是否符合相关标准规范的要求；索具的设置是否与经审批的吊装方案保持一致。

d. 吊装方案的安全管理。在吊装准备过程中重点监督检查吊装方案是否按照规范进行编制；是否按照程序组织具备资质资格的人员进行审批、批准和专家论证；技术人员是否根据审批后的吊装作业专项施工方案编制《吊装工艺卡》对操作人员进行方案交底；现场作业人员是否按照《吊装工艺卡》进行吊装准备工作，例如地基的区域、深度，路基箱的摆放位置，吊装机具是否按照方案的工况和位置进行组装等。

e. 吊装作业环境安全管理。在吊装准备过程中重点监督检查吊装单位是否对吊装作业有关的区域进行加固处理、清障处理；是否按照规范设置有效的吊装警戒区域；是否设置重大危险源及安全风险提示；是否在作业位置设置专职的安全监护人员；是否规划了应急疏散路线和紧急集合点；气象条件是否符合规范规定的吊装作业条件；两个以上单位在同一作业区域内进行作业，可能危及对方生产安全的，是否签订了《安全生产管理协议》，明确各自的安全生产管理职责和应当采取的安全措施，并指定专职安全生产管理人员进行安全检查与协调。

② 加强试吊前的安全管理。试吊前的安全管理主要是保证吊装作业操作正确和吊装作业安全风险应对措施得到有效落实。

a. 组织桌面演练。吊装作业准备工作基本完成至试吊之间，应组织建设单位安全管理人员、监理单位的安全管理人员，以及吊装单位的项目管理经理、安全管理人员、起重工、吊车司机和安全监控人员进行吊装过程的桌面演练。桌面演练应由起重工、吊车司机和监护人员主讲，其他人员进行补充和完善。桌面演练的目的和意义在于，一方面通过桌面推演再次强化操作人员对吊装方案的理解、对操作过程与步骤的掌握、对作业风险与应急措施的认识，以确保吊装过程安全；另一方面为了防止吊装单位方案交底不到位导致操作人员不了解方案或者不了解操作风险而造成安全事故。

b. 安全技术交底。吊装作业准备工作完成至试吊之间，吊装单位应组织本单位项目经理、安全管理人员、技术人员、吊车司机、起重工、监护人员等进行安全交底。安全交底的目的和意义在于让所有参加吊装作业的人员了解自己的工作任务、了解自己工作中的安全风险与应对措施、了解发生安全风险后如何启动应急预案进行紧急处置或者逃生。

c. 联合检查。安全交底完成后，吊装单位应邀请建设单位、监理单位和本单位的相关人员对整个吊装系统进行联合检查，从作业环境、作业人员资格与能力、吊装索具设置、被吊物安全性、吊装机具安全性、气象条件符合度、安全风险应对措施的落实情况等进行全方位的检查与确认，并在《吊装作业联合检查表》上签字。联合检查的目的和意义在于通过更多人发挥专业的力量，确保吊装作业安全风险应对措施得到落实，降低吊装作业安全风险。

d. 签发起吊令。联合检查完毕，各项准备工作经过确认符合吊装作业条件，由吊装单位项目经理或者吊装总指挥签发起吊令，并宣布吊装作业开始。

③ 加强试吊作业管理。吊装单位项目经理或者吊装总指挥签发起吊令并宣布吊装作业开始后，起重工应按照标准规范指挥吊装机具将被吊物体吊离设备支座或支点一定距离，一般为设备最低位置距离地面或者支撑平台 200mm 左右，不可过高。试吊的目的和意义在于，一方面是检验吊车司机、起重工之间信号的传递与接收情况，以及配合默契程度；另一方面是检查吊装地基、吊装机具、吊装索具、被吊物体等整个系统的稳定与安全。试吊过程中，如有异常情况应立即处理，确保安全后方可正式起吊。

④ 加强正式吊装过程的监督。安全生产法要求，吊装作业应派专门人员进行现场安全管理，确保操作规程的遵守和安全措施的落实。尤其大型吊装作业，必须设置足够数量的有经验的监护人员，从不同的角度对吊装过程进行全程监护。必要时，应采取经纬仪、水平仪和全站仪等工具对被吊物体直线度、吊车臂杆的角度、吊装机具的垂直度、吊车履带的水平度等进行实时监测。

正式吊装过程安全监护的目的和意义在于及时发现安全风险并进行有效的应急处置，避免安全事故发生。

12.4 应急响应与事故处理

在吊装工程项目管理实施阶段，吊装单位应依据相关法律建立应急救援组织或指定兼职的应急救援人员，在发生生产安全事故后，立即启动应急响应与事故处理。应急响应与事故处理后应形成事故处理报告，应急响应与事故的工作条件、方法与工具、工作成果见图 12-6。

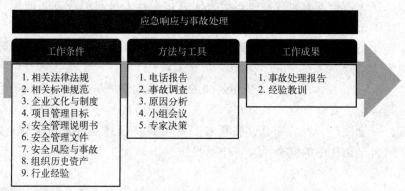

图 12-6　应急响应与事故处理的工作条件、方法与工具、工作成果

（1）事故分级

根据生产安全事故（以下简称事故）造成的人员伤亡或者直接经济损失，事故一般分为以下等级：

① 特别重大事故是指造成 30 人以上死亡，或者 100 人以上重伤（包括急性工业中毒，下同），或者 1 亿元以上直接经济损失的事故；

② 重大事故是指造成 10 人以上 30 人以下死亡，或者 50 人以上 100 人以下重伤，或者 5000 万元以上 1 亿元以下直接经济损失的事故；

③ 较大事故是指造成 3 人以上 10 人以下死亡，或者 10 人以上 50 人以下重伤，或者 1000 万元以上 5000 万元以下直接经济损失的事故；

④ 一般事故是指造成 3 人以下死亡，或者 10 人以下重伤，或者 1000 万元以下直接经济损失的事故。

（2）应急响应与事故报告

依据《生产安全事故报告和调查处理条例》事故发生后，事故现场有关人员应当立即向本单位负责人报告；单位负责人接到报告后，应当于 1 小时内向事故发生地县级以上人民政府安全生产监督管理部门和负有安全生产监督管理职责的有关部门报告，不得隐瞒不报、谎报或者迟报，不得故意破坏事故现场、毁灭有关证据。情况紧急时，事故现场有关人员可以直接向事故发生地县级以上人民政府安全生产监督管理部门和负有安全生产监督管理职责的有关部门报告。事故发生单位负责人接到事故报告后，应当立即启动事故应急预案，或者采取有效措施，组织抢救，防止事故扩大，减少人员伤亡和财产损失。

安全生产监督管理部门和负有安全生产监督管理职责的有关部门接到事故报告后，应当依照下列规定上报事故情况，并通知公安机关、劳动保障行政部门、工会和人民检察院。

① 特别重大事故、重大事故逐级上报至国务院安全生产监督管理部门和负有安全生产监督管理职责的有关部门；

② 较大事故逐级上报至省、自治区、直辖市人民政府安全生产监督管理部门和负有安全生产监督管理职责的有关部门；

③ 一般事故上报至设区的市级人民政府安全生产监督管理部门和负有安全生产监督管理职责的有关部门。

安全生产监督管理部门和负有安全生产监督管理职责的有关部门依照前款规定上报事故情况，应当同时报告本级人民政府。国务院安全生产监督管理部门和负有安全生产监督管理职责的有关部门以及省级人民政府接到发生特别重大事故、重大事故的报告后，应当立即报告国务院。必要时，安全生产监督管理部门和负有安全生产监督管理职责的有关部门可以越级上报事故情况。

安全生产监督管理部门和负有安全生产监督管理职责的有关部门逐级上报事故情况，每级上报的时间不得超过 2 小时。

（3）报告事故应当包括下列内容

① 事故发生单位的概况；

② 事故发生的时间、地点以及事故现场情况；

③ 事故的简要经过；

④ 事故已经造成或者可能造成的伤亡人数（包括下落不明的人数）和初步估计的直接经济损失；

⑤ 已经采取的措施；

⑥ 其他应当报告的情况。

事故发生地有关地方人民政府、安全生产监督管理部门和负有安全生产监督管理职责的有关部门接到事故报告后，其负责人应当立即赶赴事故现场，组织事故救援。

事故发生后，有关单位和人员应当妥善保护事故现场以及相关证据，任何单位和个人不得破坏事故现场、毁灭相关证据。

因抢救人员、防止事故扩大以及疏通交通等原因，需要移动事故现场物件的，应当做出标志，绘制现场简图并做出书面记录，妥善保存现场重要痕迹、物证。

事故发生地公安机关根据事故的情况，对涉嫌犯罪的，应当依法立案侦查，采取强制措施和侦查措施。犯罪嫌疑人逃匿的，公安机关应当迅速追捕归案。

（4）事故调查

事故调查报告应当包括下列内容：

① 事故发生单位的概况；

② 事故发生的经过和事故救援情况；

③ 事故造成的人员伤亡和直接经济损失；

④ 事故发生的原因和事故性质；

⑤ 事故责任的认定以及对事故责任者的处理建议；

⑥ 事故防范和整改措施。

事故调查处理应当按照科学严谨、依法依规、实事求是、注重实效的原则，及时、准确地查清事故原因，查明事故性质和责任，总结事故教训，提出整改措施，并对事故责任者提出处理意见。事故调查报告应当依法及时向社会公布。

经调查确定为责任事故的，除了应当查明事故单位的责任并依法予以追究外，还应当查明对安全生产的有关事项负有审查批准和监督职责的行政部门的责任，对有失职、渎职行为的，依法追究法律责任。任何单位和个人不得阻挠和干涉对事故的依法调查处理。

事故调查报告应当附具有关证据材料。事故调查组成员应当在事故调查报告上签名。事故调查报告报送负责事故调查的人民政府后，事故调查工作即告结束。事故调查的有关资料应当归档保存。

（5）事故处理

事故发生单位应当按照负责事故调查的人民政府的批复，对本单位负有事故责任的人员进行处理。负有事故责任的人员涉嫌犯罪的，依法追究刑事责任。事故发生单位应当认真吸取事故教训，落实防范和整改措施，防止事故再次发生。防范和整改措施的落实情况应当接受工会和职工的监督。

① 事故发生单位主要负责人有下列行为之一的，处以一年年收入40％至80％的罚款；属于国家工作人员的，并依法给予处分；构成犯罪的，依法追究刑事责任。

a. 不立即组织事故抢救的；

b. 迟报或者漏报事故的；

c. 在事故调查处理期间擅离职守的。

② 事故发生单位及其有关人员有下列行为之一的，对事故发生单位处以100万元以上500万元以下的罚款；对主要负责人、直接负责的主管人员和其他直接责任人员处以一年年收入60％至100％的罚款；属于国家工作人员的，并依法给予处分；构成违反治安管理行为的，由公安机关依法给予治安管理处罚；构成犯罪的，依法追究刑事责任。

a. 谎报或者瞒报事故的；

b. 伪造或者故意破坏事故现场的；

c. 转移、隐匿资金、财产，或者销毁有关证据、资料的；

d. 拒绝接受调查或者拒绝提供有关情况和资料的；

e. 在事故调查中作伪证或者指使他人作伪证的；

f. 事故发生后逃匿的。

③ 事故发生单位对事故发生负有责任的，依照下列规定处以罚款。

a. 发生一般事故的，处以10万元以上20万元以下的罚款；

b. 发生较大事故的，处以20万元以上50万元以下的罚款；

c. 发生重大事故的，处以50万元以上200万元以下的罚款；

d. 发生特别重大事故的，处以200万元以上500万元以下的罚款。

④ 事故发生单位主要负责人未依法履行安全生产管理职责，导致事故发生的，依照下列规定处以罚款；属于国家工作人员的，并依法给予处分；构成犯罪的，依法追究刑事责任。

a. 发生一般事故的，处以一年年收入30％的罚款；

b. 发生较大事故的，处以一年年收入40％的罚款；

c. 发生重大事故的，处以一年年收入60％的罚款；

d. 发生特别重大事故的，处以一年年收入 80％的罚款。

事故发生单位对事故发生负有责任的，由有关部门依法暂扣或者吊销其有关证照；对事故发生单位负有事故责任的有关人员，依法暂停或者撤销其与安全生产有关的执业资格、岗位证书；事故发生单位主要负责人受到刑事处罚或者撤职处分的，自刑罚执行完毕或者受处分之日起，5 年内不得担任任何生产经营单位的主要负责人。

没有造成人员伤亡，但是社会影响恶劣的事故，国务院或者有关地方人民政府认为需要调查处理的，依照本条例的有关规定执行。

12.5　安全管理工作总结

在吊装工程项目管理的收尾阶段，项目管理者应对安全管理中的良好实践和失败案例进行收集和整理，分析安全管理的亮点、优点和不足，及时总结经验教训并提出改进建议，完善安全管理制度，形成安全管理工作总结，将安全管理的过程资产转化为历史资产。安全管理工作总结的工作条件、方法与工具、工作成果见图12-7。

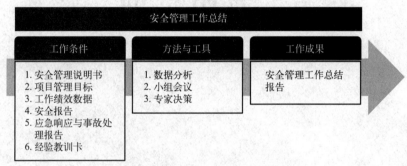

图 12-7　安全管理工作总结的工作条件、方法与工具、工作成果

安全管理工作总结报告应包括（但不限于）以下主要内容
① 安全管理方针贯彻落实情况。
② 安全管理目标实现情况。
③ 安全风险识别和隐患排查等预防机制的运行情况及风险应对效果。
④ 安全事故发生及处理情况。
⑤ 安全管理的建议。
⑥ 其他经验和教训。如安全工作感悟，见下文所示。
安全事故经常见，原因复杂又难辨；透过现象找根源，侥幸心理是祸端。
事故预防从何谈，五大要素两层面；一抓人机料法环，二把程序严格管。
组织架构须健全，规章制度上墙板；风险识别很关键，力争源头化风险。
管理人员有经验，作业人员有证件；遵章守法保生产，安全教育第一关。
机械入场要报验，带病上岗把脸翻；材料使用控制难，质量达标才算完。
方案编制有计算，审批流程不能乱；重大方案总工签，专家论证降风险。
方案交底要规范，作业之前先演练；隐患排查双保险，措施不到把命悬。
联合检查不嫌烦，检查清单细又全；作业监护看管严，安全目标定实现。

第13章
费用管理

费用管理的目的和意义在于要求项目管理者在工程建设的各个阶段把工程费用控制在批准的费用限额以内，并随时纠正发生的偏差，以保证项目费用管理目标的实现。费用管理主要工作包括费用管理策划、费用估算、费用计划、费用控制、费用变更管理、竣工结算和费用管理工作总结等。

13.1 费用管理策划

费用管理策划是确定如何进行费用估算、费用计划、费用控制的过程。本过程的主要作用是在整个项目期间为项目如何管理项目费用提供指南和方法。费用管理策划完成后，应形成费用管理说明书。费用管理策划的工作条件、方法与工具、工作成果见图 13-1。

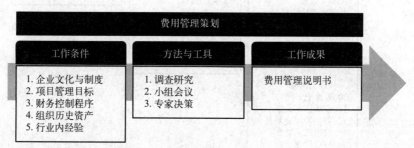

图 13-1　费用管理策划的工作条件、方法与工具、工作成果

费用管理说明书应包括（但不限于）以下主要内容

① 费用管理的目标。

② 费用管理体系。如各部门的分工以及在费用管理上的职责，费用管理的组织架构、人员配置、岗位工作说明书等。

③ 费用管理流程。

④ 费用管理计划。如费用筹备到位计划、费用支出计划、费用控制计划，以及处理各种费用偏差的方法等。

⑤ 费用风险分析与纠偏措施。

⑥ 费用变更条件及程序。

⑦ 工作模板。

⑧ 费用管理工作总结要求。

13.2 费用估算

按照我国项目投资建设程序，项目不同阶段的费用有不同的名称。在项目建议书及可行性研究阶段，对建设工程项目投资进行的测算称为"投资估算"；在初步设计、技术设计阶段，对建设工程项目投资进行的测算称为"设计概算"；在施工图设计阶段，对建设工程项目投资进行的测算称为"施工图预算"；在投标阶段，称为"投标报价"；在承包人与发包人签订合同时形成的价格称为"合同价"；在合同执行期间，承包人与发包人结算工程价款时形成的价格称为"结算价"；在工程竣工验收以后，实际发生的工程造价称为"竣工决算价"。

　　本章所讲的费用估算是指在吊装工程项目管理启动阶段，发包人和投标人对完成全部项目工作所需资源的费用进行近似估算的过程。费用估算后应形成费用估算报告，招标人的费用估算报告将成为项目投资控制的重要依据，投标人的费用估算报告将成为投标报价的重要依据。费用估算的工作条件、方法与工具、工作成果见图 13-2。

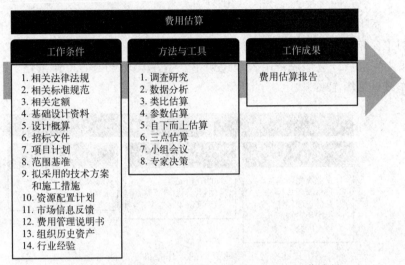

图 13-2　费用估算的工作条件、方法与工具、工作成果

　　费用估算的方法与工具有调查研究、数据分析、小组会议、专家决策、类比估算、参数估算、自下而上估算和三点估算等。

　　① 专家决策是指征求具有以往类型项目经验或成本估算方法，以及拥有来自行业、学科和应用领域的信息等相应专业知识或接受过相关培训的个人或组织的意见。

　　② 类比估算是指使用以往类似项目的参数值或属性来估算。项目的参数值和属性包括（但不限于）项目规模、范围、持续时间、投资（成本）、预算等。

　　③ 参数估算是指利用历史数据之间的统计关系和其他变量（设备数量、设备规格参数、投入吊装机具的能级与数量）来进行项目工作费用估算。参数估算可针对整个项目或项目中的某个部分，并可与其他估算方法联合使用。

　　④ 自下而上估算是指对工作组成部分进行估算的一种方法。首先对单个工作包或者活动的成本进行最具体、细致的估算，然后把这些细节性成本向上汇总或者"滚动"到更高层级，用于后续报告和跟踪。

　　⑤ 三点估算是指通过考虑估算中的不确定性和风险，使用最可能、最乐观、最悲观三种估算值来界定活动成本的近似区间。三点估算可以提高单点估算的准确性。

　　费用估算的目的和意义在于对比项目批准的设计概算，制定项目费用策略和费用计划，统筹考虑项目费用筹备与使用情况，控制项目投资。

13.3　费用计划

　　费用计划也称费用预算，是指在对工程项目所需费用总额做出合理估算的基础上，为了确定项目实际执行情况的基准而把整个费用分配到各个工作单元的过程。本过程的主要作用是确定可以监督和控制项目绩效的费用基准。

费用计划是工程项目建设全过程中进行费用控制的基本依据，费用计划的确定合理与否将关系到费用控制的效果、影响费用管理目标的实现。在吊装工程项目管理的准备阶段，建设单位和吊装单位均应进行费用计划，项目费用计划完成后应形成费用计划文件。费用计划的工作条件、方法与工具、工作成果见图 13-3。

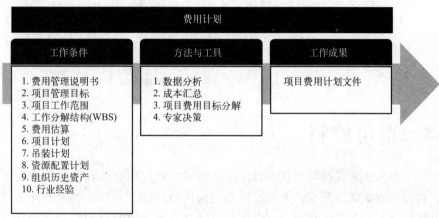

图 13-3　费用计划的工作条件、方法与工具、工作成果

根据费用控制目标和要求的不同，费用目标分解可以按照费用构成、项目、时间三种类型进行分解。工程项目的费用总是分阶段、分期分批产生，资金应用是否合理与资金的时间安排有密切关系。考虑到资金筹措的压力，尽可能减少资金占用和利息支付，在进行吊装工程项目费用计划时，宜按时间进度进行费用分解。

在项目进度计划的基础上，按照时间进度对项目费用分解后，可获得项目"时间-费用累积曲线图"，如图 13-4 所示。费用计划也可以在总体控制时标网络图上表示，如图 13-5 所示。

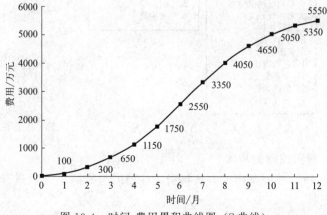

图 13-4　时间-费用累积曲线图（S 曲线）

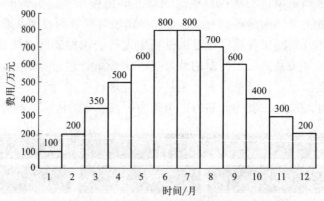

图 13-5　时标网络图上按月编制的费用计划

13.4　费用控制

费用控制是指项目管理者在项目实施期间对项目建设全过程中发生的费用进行监控，收集费用数据，采用目标管理法进行比较、分析、预测发现实际情况与费用计划之间的差别，找到偏差产生的原因并及时采取有效纠偏措施，将项目最终发生的费用控制在目标范围之内的一系列活动的总称。费用控制是工程项目费用管理的核心工作，是一个动态管理的过程。在吊装工程项目实施阶段，建设单位和吊装单位均应进行费用控制，并定期编制费用报告，向相关方展示项目的总体费用状态。费用控制的工作条件、方法与工具、工作成果见图13-6。

图 13-6　费用控制的工作条件、方法与工具、工作成果

（1）费用控制的步骤

① 比较。按照确定的方式将费用计划值与实际值逐项进行比较，以发现费用是否已超支。

② 分析。在比较的基础上，对比较的结果进行分析，以确定偏差的严重性及偏差产生的原因。其目的是针对产生偏差产生的原因制定具有针对性的措施。

③ 预测。根据项目实际情况估算整个项目完成时的费用，为决策提供支持。

④ 纠偏。当工程项目的实际费用出现了偏差，应当根据工程的具体情况、偏差分析和预测结果，采取适当的措施，避免或者减少相同原因的再次发生，减少由此造成的损失，使费用偏差尽可能缩小。纠偏是费用控制中最具实质性的一步，只有通过纠偏才能最终达到有效控制费用的目的。

⑤ 检查。检查是指对工程的进展进行跟踪和检查，及时了解工程进展状况以及纠偏措施的执行情况和效果，为今后的工作积累经验。

（2）产生费用偏差的主要原因

① 设计原因。如设计错误、设计漏项、设计标准变化、图纸提供不及时等。

② 施工原因。如施工方案不当、施工质量有问题、赶进度、工期拖延、机具与材料代用等。

③ 物价上涨原因。如人工工资上涨、材料费涨价、设备涨价、利率与汇率变化等。

④ 客观原因。法律法规、标准规范以及自然因素等发生变化。

⑤ 业主原因。如投资规划不当、建设手续不全、协调效果不佳、未及时提供场地、增加工作任务等。

（3）费用控制应包括（但不限于）以下主要内容

① 人工费。是指直接从事工程施工的作业人员的各项费用，如基本工资、工资性补贴（交通补贴、住房补贴）、生产工人辅助工作（探亲、休假、停工、学习、培训期间的工作等）、职工福利、劳动保护费等。

② 施工机械使用费。是指施工机械作业所发生的机械使用费以及机械安、拆和场外运输费。包括折旧费、大修理费、经常性维修保养费、安拆及场外运输费、司机和其他操作人员的工作日人工费、燃油动力费、车船使用税及养路费等。

③ 材料费。因为吊装工程是服务类采购，所使用的材料不构成工程的实体或者实体的辅助设施，因此，对吊装工程而言，材料费主要是指辅助吊装作业过程中所耗用的材料的相关费用，如吊装地基加固处理用料、平衡梁、卸扣、钢丝绳、紧固螺栓用液压板式等工具与材料的购置费、运杂费、保管费、检试验费和损耗费等。

④ 措施费。主要包含安全文明施工措施费、环境保护措施费、临时设施费、夜间施工费、脚手架搭设、接卸设备二次倒搬运费等。

⑤ 进度款结算。是指在合同执行过程中，按照合同约定计算、确认和支付已完成工作量费用的过程。建设单位和吊装单位之间，按照合同约定及时计算、确认和支付已完成工作量费用，进行进度款结算是费用控制的重要内容之一。

⑥ 企业管理费。是指企业组织施工生产和经营管理所需的费用，包括管理人员工资、办公费、差旅费、固定资产使用费、劳动保险费等。

⑦ 规费。

⑧ 税金。

⑨ 利润。

建设单位和吊装单位应依据相关法律法规、标准规范要求落实安全文明施工和环保设施，严禁扣减环境保护费、文明施工费、安全施工费、临时设施费等。

（4）进度款结算的控制措施

① 已完成工作量确认。吊装单位应依据建设单位的管理制度和合同约定及时填写设备吊装完工报告，并组织监理单位和建设单位进行确认。设备吊装完工报告应包含被吊设备的位置、名称、位号、规格、重量、吊装完成日期等基本信息。工作量确认应做到及时性、真实性、准确性和可追溯性，如图13-7所示。

图13-7　工作量确认的四点要求

② 工作进度报告审核。吊装单位应依据建设单位的管理制度和合同约定以周报、月报或季报等形式定期向监理单位和建设单位报告工作进度，并获得审核。

经审核的工作进度报告是费用控制的基础和重要依据。只监管项目费用支出，而不考虑由这些费用支出所完成的工作的价值，这对项目没有任何意义，最多只能跟踪资金流。所以，在费用控制中应重点分析项目资金支出与相应完成的工作之间的关系。

③ 进度款支付。吊装单位应按照合同约定对获得确认的已经完成的工作量进行进度款计算；监理单位应根据已经确认的设备吊装完工报告和工作进度报告审核进度款，并给出支付意见；建设单位依据合同约定确认进度款支付金额、支付比例、支付时间和支付方式。

④ 争议问题搁置。在工作量确认、进度款计算、进度款支付的过程中，建设单位和吊装单位经常会出现一些分歧和争议，需要双方花费较大的精力和较长的时间进行沟通并寻求解决办法。为了不影响工程建设项目的正常推进，保证吊装单位能够及时获得工程进度款以维持项目工作的正常开展，甲乙双方可以将具有争议的问题暂时搁置，在后期达成一致意见后在竣工结算时一并解决。

⑤ 假定费用。争议的问题比较集中或者占用项目资金额度较大，既不能在短时间内获得解决方案又严重影响工程进度时，甲乙双方应本着积极的态度进行协商，采取假定费用的方式先行确定一部分金额，随着进度款支付给吊装单位，以保证项目工作正常进行。

（5）费用报告的编制步骤

① 定期对工程项目费用执行情况进行跟踪、检测，采集相关数据。

② 对已完成工作的预算费用与实际支出费用进行比较，发现费用偏差。

③ 对比较结果进行分析，确定偏差幅度、偏差产生的原因及对项目费用目标的影响程度。

④ 对整个项目竣工时的费用进行预测，对可能超支的工作单元进行预警。

⑤ 提出优化方案或者调整工作范围等可以将费用偏差控制在允许范围内的

建议。

项目管理者应定期编制项目费用报告，对工程进度和费用偏差分析结果进行说明，对整个项目竣工时的费用进行预测，对可能超支的工作单元进行预警，采取优化方案或者调整工作范围等措施将费用偏差控制在允许的范围内。

13.5 费用变更管理

在吊装工程项目实施阶段，项目管理者应根据变更的内容和对费用、进度的要求，预测费用变更对质量、安全、职业健康和环境保护的影响，按照合同约定的变更程序及时进行费用变更管理，并进行实施和控制。费用变更管理的工作条件、方法与工具、工作成果见图13-8。

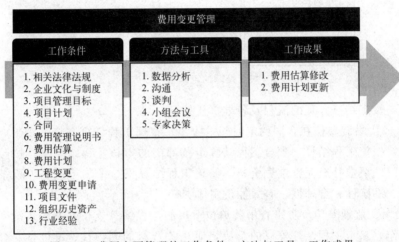

图 13-8　费用变更管理的工作条件、方法与工具、工作成果

在项目实施过程中，由于各种原因，工程变更不可避免。一旦发生变更，工程量、工期、费用等将随之发生变化，从而使费用控制变得更加复杂和困难。造成费用变更的工程变更应包括（但不限于）以下内容：

① 设计变更。

② 进度计划变更。

③ 施工条件变更。

④ 施工次序变更。

⑤ 施工方案与措施变更。

⑥ 工程量变更。

⑦ 技术规范与标准变更。

⑧ 法律法规变更。

13.6 竣工结算

竣工结算是指吊装单位完成合同约定的全部工作任务后，按照合同约定的计价方式计算已完成工程实际价款，编制相关经济文件并经监理单位（或造价咨询单位）

和建设单位审核确认，办理工程价款结算的过程。在吊装工程项目管理收尾阶段，项目管理者应按照相关法律法规、项目管理程序和制度办理竣工结算。竣工结算的工作条件、方法与工具、工作成果见图13-9。

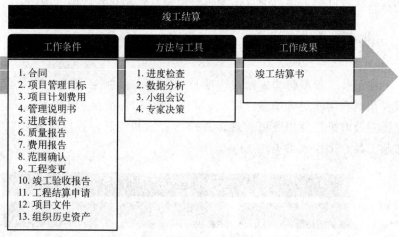

图 13-9　竣工结算的工作条件、方法与工具、工作成果

竣工结算办理的流程及各方责任如下：

① 吊装单位在合同约定时间内收集、整理工程结算支持性资料，编制工程结算书，报审工程结算，配合工程结算审核部门的审核工程结算书，按照工程结算审核部门的要求补充完善结算资料，修正工程结算书。吊装单位对工程结算资料的完整性、准确性、合理性、有效性负主体责任。

② 监理单位负责审查吊装单位上报的工程结算支持性资料，配合工程结算审核工作，参与工程结算争议的解决，对相关资料的完整性、准确性、合理性、有效性负监督责任。

③ 造价咨询公司负责工程结算的审核，整理工程结算争议问题，并提出解决方案；出具工程结算审核报告，并对成果文件的准确性、完整性负责；配合工程结算后续审查、审计工作。

④ 建设单位负责审核、确认工程结算成果文件，协调、解决工程结算过程中的争议问题，建立工程结算台账，进行工程结算资料归档管理。

13.7　费用管理工作总结

在吊装工程项目管理的收尾阶段，项目管理者应对费用管理中的良好实践和失败案例进行收集和整理，分析费用管理的亮点、优点和不足，及时总结经验教训并提出改进建议，完善费用管理制度，形成费用管理工作总结，将费用管理的过程资产转化为历史资产。费用管理工作总结的工作条件、方法与工具、工作成果见图13-10。

费用管理工作总结报告应包括（但不限于）以下主要内容：

① 费用管理目标的实现情况。

② 费用估算情况。

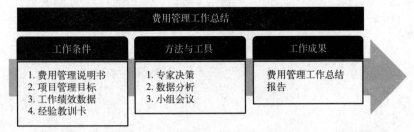

图 13-10　费用管理工作总结的工作条件、方法与工具、工作成果

③ 费用计划执行情况。

④ 控制效果评价。

⑤ 费用变更控制及执行情况。

⑥ 费用管理工作的建议。

⑦ 其他经验和教训。

第14章
沟通管理

沟通是指通过沟通活动（如访问、会议、演讲）、工件（如电子邮件、社交媒体、项目报告或项目文档）等各种可能的方式与相关方进行有意或者无意的信息交换。信息交换的内容包括想法、指示和情绪等。项目沟通管理包括通过开发工件，以及执行用于有效交换信息的各种沟通活动，来确保项目及其相关方的需求得到满足的各个过程。项目沟通由两个部分组成：第一部分是制定沟通策略，确保沟通对相关方行之有效；第二部分是执行必要的沟通活动，以落实沟通策略。沟通贯穿于项目全过程，主要工作包括沟通管理策划、识别相关方及其需求、制定沟通管理计划、管理沟通、冲突管理和沟通管理工作总结等。

14.1 沟通管理策划

沟通管理策划是基于每个相关方或相关方群体的需求、可用的组织资产，以及具体项目的需求，为项目沟通活动制定恰当的方法和计划的过程。本过程的主要作用是为及时向相关方提供相关信息，引导相关方有效参与项目，保证项目工作的正确且高效而编制书面沟通计划提供指南和方法。在吊装工程项目管理启动阶段，建设单位应尽早开展沟通管理策划工作，沟通管理策划完成后，应形成沟通管理说明书。沟通管理策划的工作条件、方法与工具、工作成果见图 14-1。

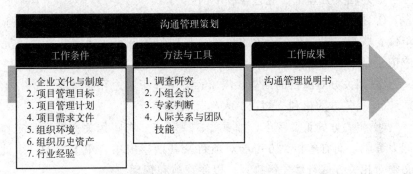

图 14-1　沟通管理策划的工作条件、方法与工具、工作成果

沟通管理说明书应包括（但不限于）以下主要内容：
① 沟通政策。
② 识别相关方及其需求。
③ 制定沟通管理计划。如沟通模型、沟通形式、沟通工件、沟通方法等。
④ 管理沟通和冲突管理的要求。
⑤ 沟通管理工作总结要求。

14.2 识别相关方及其需求

每个项目都有相关方，他们会受项目的积极或消极影响，或者能对项目施加积极或消极的影响。识别相关方是指识别能够影响项目或会受项目影响的人员、团体或组织，分析和记录他们对项目的期望、参与度、影响力、互相依赖，以及他们的利益和对项目成功的潜在影响的过程。本过程的主要作用是使项目团队能够建立对每个相关方或相关方群体的适度关注。在吊装工程项目管理的准备阶段，建设单位、监理单位、吊装单位均应在项目管理团队组建完成后尽早开展各自的相关方及其需求的识别工作。识别相关方及其需求完成后应形成项目相关方登记册。识别相关方及其需求的工作条件、方法与工具、工作成果见图 14-2。

图 14-2　识别相关方及其需求的工作条件、方法与工具、工作成果

（1）相关方登记册应包含以下内容

① 相关方的基本信息。如果相关方是个人的应记录姓名、性别、年龄、职务、单位、联系方式、在组织中的角色、与项目的利害关系等；相关方是团队或组织的应记录其组织的名称、地址、成员构成等。

② 相关方对项目的期望、需求、态度、影响力和参与度。

③ 相关方的权利、知识、兴趣、贡献等。

④ 相关方的重要程度，如重要、一般等。有些相关方对项目工作或成果的影响能力有限，而有些相关方可能对项目及其期望成果有重大影响，因此，项目管理者必须对相关方进行优先级排列，以便裁剪和管理。

（2）相关方需求识别与评估

① 建设单位应分析和评估其他各相关单位对项目进度、质量、安全、造价、环保方面的理解和认识，同时分析各相关方对资金投入、进度款支付、计划管理、现场作业条件与环境以及其他方面的需求。

② 监理单位应分析和评估建设单位的各项目标需求、授权和权限，分析和评估吊装单位以及专业承包、劳务分包等其他单位对监理工作的认识和理解、提供技术指导和咨询服务的需求。

③ 吊装单位应分析和评估建设单位、监理单位以及其他单位对技术方案、施工组织、工期保障、质量保障、安全保障以及环境和现场文明施工的需求；分析和评估专业承包、劳务分包和资源供应单位对现场条件、资金保证以及相关配合的需求。如大型吊装机械厂家进行现场技术指导和售后服务有关吃、住、行、工作条件的需求等。

④ 项目管理者在分析和评估其他相关方需求的同时，也应对自身的需求做出分析和评估，明确定位，与其他相关方的需求进行有机融合，鉴别冲突和不一致。

相关方具有多样性，相关方的关系具有复杂性（如员工、领导、股东、供应商、客户、政府监管机构、媒体等），项目经理及项目管理团队正确识别相关方，理解他们的需求和期望、及时处理所发生的问题、合理管理相关方的利益冲突，引导所有相关方参与项目活动，很大程度上能够提高项目成功的可能性。因此，识别相关方应尽早开展并应根据需要在整个项目过程中定期重复开展，每次重复开展时都应通过查阅项目管理文件来识别有关项目的相关方。

14.3　制定沟通管理计划

在吊装工程项目管理的准备阶段，项目管理者应制定项目沟通管理计划，并经相关部门及主管领导批准后执行。项目管理者应定期对项目沟通管理计划进行检查、评价和改进。制定沟通管理计划的工作条件、方法与工具、工作成果见图 14-3。

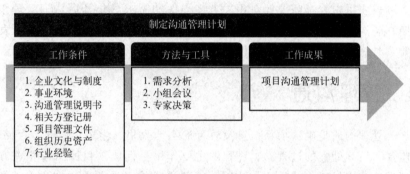

图 14-3　制定沟通管理计划的工作条件、方法与工具、工作成果

（1）沟通管理计划的主要内容
① 沟通范围、对象、内容与目标。
② 沟通模型、沟通形式、沟通工件、沟通方法等。
③ 信息发布程序、时间与方式。
④ 项目绩效报告安排及沟通需要的资源。
⑤ 沟通效果检查与沟通管理计划的调整。

沟通模型有最基本的线性沟通（发送方和接收方）和增加反馈元素的互动沟通（发送方、接收方和反馈）等；

沟通形式有书面形式，如实物或电子邮件；口头形式，如面对面语言交流或远程电话、视频等；正式或非正式形式，如用正式的纸质报告或社交媒体；手势动作，如语调和面部表情；媒体形式，如图片、影像。

常用的沟通工件和方法有公告板、曝光台；新闻通信、内部杂志、电子杂志；致员工的信件，如员工的生日贺信、工作纪念日贺信等；年度报告；电子邮件和内部局域网；电话交流；小组会议；相关方之间的正式或非正式的面对面会议；联络单、函件；表扬信、感谢信、奖章、奖牌；微信、QQ 等社交工具或媒体等。

沟通方式有会议、电话、视频会议等在两方或多方之间进行的实时多项信息交换的互动式沟通；有信件、备忘录、报告、电子邮件、传真、新闻稿等向需要接收信息的特定接收方发送或者发布信息的推式沟通；有门户网站、企业内网、在线课程、经验教训数据库等适用于大量复杂信息或大量信息受众的拉式沟通。

（2）项目沟通管理计划编制依据应包括以下内容

① 合同。

② 组织制度和行为规范。

③ 沟通管理说明书。

④ 项目相关方需求识别与评估结果。

⑤ 项目实际情况。

⑥ 项目主体之间的关系。

⑦ 沟通方案的约束条件、假设以及适用的沟通技术。

⑧ 冲突和不一致解决方案。

沟通的目的，一是使信息得到及时交换；二是使精神和指示得到及时传达；三是使工作得到及时部署；四是使矛盾得到及时化解，五是使问题得到有效解决。在大多数项目中，都需要针对相关方多样性的需求尽早开展沟通管理策划工作，并定期开展沟通计划的审核与修订工作，例如相关方或者相关方的需求发生变化时都需要及时对原来的沟通计划进行修订。

14.4 管理沟通

管理沟通是确保项目信息及时且恰当地收集、生成、发布、存储、检索、管理、监督和最终处置的过程。本过程的主要作用是促成项目团队与相关方之间的有效信息流动，确保工作绩效的一致性。管理沟通的工作条件、方法与工具、工作成果见图 14-4。

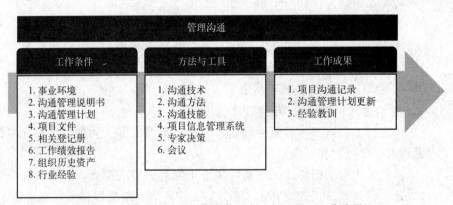

图 14-4　管理沟通的工作条件、方法与工具、工作成果

管理沟通过程会涉及与开展有效沟通的所有方面，包括使用适当的技术、方法和技巧。同时，它还允许沟通活动具有灵活性，允许在沟通过程中对方法和技术进行调整，以满足相关方及项目不断变化的需求。管理沟通，一方面，需要设法确保信息以适当的格式正确地生成和送达目标受众；另一方面，需要为相关方提供更多的机会，允许他们获得更多信息、澄清和讨论。有效的沟通管理需要借助相关技术、方法和工具，例如发送-接收-确认模型、选择合适的媒介、会议管理、演示、引导、积极倾听等。沟通技能包括（但不限于）以下内容：

① 沟通胜任力。较高的沟通胜任力，有助于明确关键信息的目的、建立有效关系、实现信息共享和采取领导行为。

② 反馈。反馈是关于沟通、可交付成果获得情况的反应信息。及时良好的反馈有助于项目经理、项目管理团队以及所有相关方之间的互动沟通，有助于工作绩效的提升。无反馈或者反馈不及时有时候会导致返工，甚至失败。

③ 非口头技能。例如通过肢体语言、语调语态、面部表情、示意等适当的肢体语言来表达意思。

④ 演示。演示是信息和文档的正式交付。向项目相关方明确有效地演示项目信息可包括（但不限于）以下内容：

a. 提供背景信息以支持决策；

b. 向相关方报告项目进度和信息更新；

c. 提供具体信息，以提升对项目工作和目标的理解和支持力度。

14.5 冲突管理

冲突在管理中不可避免。冲突的来源主要包括资源稀缺、进度优先级排序和个人工作风格差异等，通过建立团队基本规则、行为规范、角色定位和有效沟通，可以减少冲突。在吊装工程项目管理的实施阶段，项目管理者应根据项目运行规律，结合项目相关方的工作性质和特点预测项目可能的冲突和不一致，针对容易发生冲突和不一致的事项，制定冲突解决方案，形成预先通报和互通信息的工作机制，提前识别和发现问题，及时化解冲突和不一致，采取措施避免冲突扩大和升级。冲突管理的工作条件、方法与工具、工作成果见图 14-5。

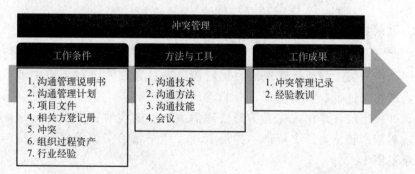

图 14-5　冲突管理的工作条件、方法与工具、工作成果

如果冲突管理得当，意见分歧反而有利于提高组织的创造力和改进决策。成功的冲突管理可以提高生产力，改进工作关系。

（1）化解冲突和不一致性应遵循以下程序

① 假如意见分歧成为负面因素，首先应该由项目团队成员负责解决。

② 如果冲突升级，项目经理应提供协助，促成满意的解决方案，采用直接和合作的方式，尽早在私下处理冲突。项目经理解决冲突的能力往往决定其管理项目团队的成败，不同的项目经理可能采用不同的解决方法，影响其解决方法的因素通常包括：

a. 冲突的重要性与激烈程度；

b. 解决冲突的紧迫性；

c. 涉及冲突的人员的相对权利；

d. 维持良好关系的重要性；

e. 永久或暂时解决冲突的动机。

③ 如果破坏性冲突继续存在，则可以使用正式程序，包括采取惩罚措施。

（2）冲突解决常用的五种策略

① 撤退与回避。从实际或者潜在冲突中退出，将问题推迟到准备充分的时候，或者将问题推给其他人员解决。

② 缓和与包容。考虑其他方的需要，为维持和谐与关系而退让一步，强调一致而非差异，即所谓的求同存异。

③ 妥协与调解。为了暂时或者部分解决冲突，寻找能让各方都在一定程度上满意的方案。

④ 强迫与命令。通常利用权力来强行解决紧急问题，以牺牲一方利益为代价，推行另一方观点，只提供"输-赢"方案。

⑤ 合作与解决问题。综合考虑不同的观点和意见，采用合作的态度和开放式对话引导各方达成共识和承诺，这种方法通常可以带来双赢局面。

（3）消除冲突和障碍常采用以下方法

① 选择适宜的沟通与协调途径；

② 进行工作交底；

③ 有效利用第三方调解；

④ 创造条件使项目相关方充分地理解项目计划，明确项目目标和实施措施。

14.6 沟通管理工作总结

在吊装工程项目管理的收尾阶段，项目管理者应对沟通管理中的良好实践和失败案例进行收集和整理，分析沟通管理的亮点、优点和不足，及时总结经验教训并提出改进建议，完善沟通管理制度，形成沟通管理工作总结，将沟通管理的过程资产转化为历史资产。沟通管理工作总结的工作条件、方法与工具、工作成果见图 14-6。

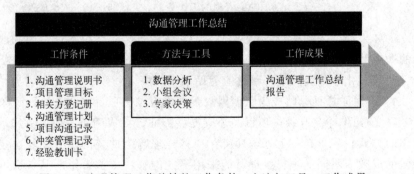

图 14-6 沟通管理工作总结的工作条件、方法与工具、工作成果

沟通管理工作总结报告应包括（但不限于）以下主要内容：

① 沟通管理计划执行情况。

② 沟通管理效果。

③ 冲突及冲突解决方案。

④ 沟通管理工作的建议。

⑤ 其他经验和教训。

第15章
信息管理

信息管理是指对项目信息的收集、整理、分析、处理、存储、传递和使用等进行策划、管理、控制等一系列活动的总称。建设单位、监理单位、吊装单位以及其他与吊装工程项目管理有关的单位应根据实际工作的需要设置信息管理岗位，配备熟悉项目管理业务流程，并由经过培训的人员担任信息管理人员（可兼职），开展项目的信息管理工作。信息管理工作主要包括信息管理策划、制定信息管理计划、管理信息、信息变更管理和信息管理工作总结等。

15.1　信息管理策划

信息管理策划是规划如何及时、准确、全面地收集信息，并安全、可靠、方便、快捷地储存、传输信息，适宜地使用信息的过程。本过程的主要作用是在整个项目期间为项目如何管理信息提供指南和方法。在吊装工程项目管理的启动阶段，项目管理者应进行信息管理策划，信息管理策划完成后，应形成信息管理说明书。信息管理策划的工作条件、方法与工具、工作成果见图 15-1。

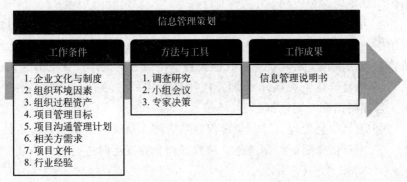

图 15-1　信息管理策划的工作条件、方法与工具、工作成果

信息管理说明书应包括（但不限于）以下主要内容：
① 信息管理岗位设置及工作职责。
② 信息管理的目标和工作要求。
③ 信息交换的程序及要求。
④ 信息安全保障措施。
⑤ 信息管理工作总结要求。

15.2　制定信息管理计划

在吊装工程项目管理的准备阶段，项目管理者应组织相关人员制定信息管理计划。制定信息管理计划的工作条件、方法与工具、工作成果见图 15-2。
信息管理计划应包括（但不限于）以下主要内容：
① 项目信息管理范围。
② 项目信息管理目标。
③ 相关方信息需求。应明确相关方所需的信息，包括：信息的类型、内容、格式、传递要求，并进行信息价值分析。如日报、周报、月报、专题报告、工程联系

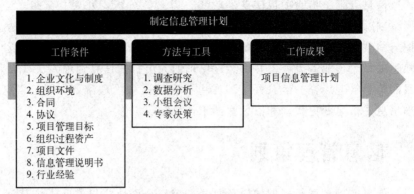

图 15-2　制定信息管理计划的工作条件、方法与工具、工作成果

单等。

④ 项目信息管理手段和协调机制。

⑤ 项目信息编码系统。应有助于提高信息的结构化程度，方便使用，并且应与组织信息编码保持一致。

⑥ 项目信息渠道和管理流程。应明确信息产生和提供的主体，明确该信息在项目组织内部和外部的具体使用单位、部门和人员之间的信息流动要求。例如设备发货信息确认流程、吊耳设计与校核流程、吊装方案设计及变更信息发布流程等。

⑦ 项目信息资源需求计划。应明确所需的各种信息资源名称、配置标准、数量、需用时间和费用估算。

⑧ 项目信息管理制度。应确保信息管理人员以有效的方式进行信息管理。

⑨ 项目信息变更控制措施。应确保信息在变更时进行有效控制。

15.3　管理信息

管理信息是项目管理的重要内容之一，因为信息传递的多途径、多来源，以及信息的滞后、错误、损失等会造成管理者的决策失误和管理混乱。从吊装工程项目管理的准备阶段开始，建设单位、监理单位、吊装单位以及其他相关单位的信息管理人员应严格按照信息管理制度、流程和要求管理信息，包括信息的采集、传输、存储、应用和评价等，以确保信息传递的及时性、真实性、完整性和规范性。管理信息的工作条件、方法与工具、工作成果见图 15-3。

（1）信息管理记录包括（但不限于）以下内容

① 与项目实施有关的自然信息、市场信息、法规信息、政策信息。

② 项目利益相关方的信息。如设备的设计信息、采购信息、制造信息、交付计划与运输信息等。设备的设计信息包括设备本体、设备附属设施和吊耳吊盖等设计信息；设备交付计划和运输信息应包括交付日期、发货地、运输方式、预计到货日期、吊耳朝向、鞍座数量及位置、配船积载图等；设备安装条件准备信息包括设备基础（或安装结构）的施工进展、养护状态，以及附塔管线、劳动平台、防腐与绝热等专业的预制与安装进展等信息。

③ 设备吊装准备信息。如作业人员配置、吊装作业专项施工方案编制与审批、

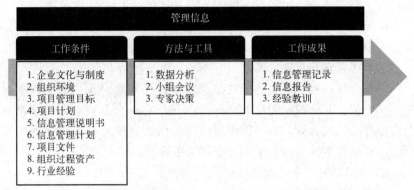

图 15-3　管理信息的工作条件、方法与工具、工作成果

吊装场地处理、吊装机索具配置、吊装作业计划等与吊装作业有关的全部信息。

④ 项目整体执行信息。如已到货设备数量及占总任务量的比例、已完成吊装设备数量及其占总任务量的比例，近期计划到货和吊装的设备数量、位置等。

（2）项目管理机构应做到（但不限于）以下要求

① 项目管理机构应建立相应的数据库，采用安全、可靠、经济、合理的方式和载体对信息进行传输和存储，项目竣工后应对项目信息资料进行完整的移交。

② 项目管理机构应定期组织信息有效性、管理成本和信息管理所产生的效益检查，评价信息管理效益，并持续改进信息管理工作。

③ 项目管理机构应通过项目信息的应用情况，掌握项目的实施状态和偏差情况，以便于通过任务安排进行偏差控制。

（3）项目管理信息系统

项目管理信息系统应包括项目的所有数据，能够确保相关方及时便利地获取所需信息，实现信息共享、协同工作、过程监控、实施管理。

① 用来管理和分发项目信息的工具包括以下内容：

a. 电子项目管理工具。如项目管理软件、会议和虚拟办公支持软件、网络界面、专门的项目门户网站和状态仪表盘等。

b. 电子沟通管理。电子邮件、传真、音频、视频和网络会议，以及公司网站和网络发布等。

c. 社交媒体管理。微信群，QQ 群，以及公众号、抖音、快手等自媒体平台。

② 信息管理系统的功能应包括（但不限于）以下内容：

a. 信息收集、传递、加工、反馈、分发、查询的信息处理功能。

b. 进度管理、成本管理、质量管理、安全管理、合同管理、技术管理以及相关的业务处理功能。

c. 与工具软件、管理系统共享和交换数据的数据集成功能。

d. 利用已有信息和数学方法进行预测、提供辅助决策的功能。

e. 支持项目文件与档案管理的功能。

③ 信息管理系统的使用应取得以下管理效果：

a. 实现项目文档管理的一体化。

b. 获得项目进度、成本、质量、安全、合同、资金、技术、环保、人力资源、保险的动态信息。

　　c. 支持项目管理满足事前预测、事中控制、事后分析的需求。

　　d. 提供项目关键过程的具体数据并自动产生相应报表和图表。

　　（4）信息安全管理

　　项目管理机构应建立完善的信息安全责任制度，设立安全信息岗，明确工作职责，实施信息安全控制程序，确保全过程信息安全管理，并持续改进。项目信息安全应分类、分级管理，对于保密要求高的信息应按照高级别保密要求进行防泄密控制。项目信息系统应具有下列安全技术措施：

　　① 对用户进行身份验证。

　　② 防止恶意攻击。

　　③ 信息权限设置。

　　④ 跟踪审计和信息过滤。

　　⑤ 病毒防护。

　　⑥ 安全监测。

　　⑦ 数据灾难备份。

15.4　信息变更管理

　　在吊装工程项目管理的过程中，信息变更不可避免，但是相关人员应采取合适的方式进行快速反馈，以便于组织做出正确的决策。同时，信息管理人员应依据变更程序及时更新项目信息管理系统中的相关数据，执行信息变更管理。信息变更管理的工作条件、方法与工具、工作成果见图15-4。

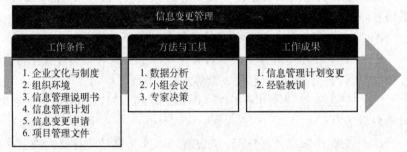

图 15-4　信息变更管理的工作条件、方法与工具、工作成果

　　信息变更管理的程序如下：

　　① 信息的收集。

　　② 信息甄别与核准。

　　③ 执行信息变更。包括变更后信息的传输、存储、应用和评价等。

　　在吊装工程项目管理的过程中，信息变更应做到及时、全面、准确。不及时的信息可能导致决策时机的措施，贻误战机；不全面的信息不是假信息，但会影响决策的正确性；不准确的信息将直接导致错误的决策。一个不科学的或者错误的决策将导致吊装资源的浪费、工作效率的降低和团队士气的低落，从而影响组织绩效。

15.5　信息管理工作总结

在吊装工程项目管理的收尾阶段，项目管理者应对信息管理中的良好实践和失败案例进行收集和整理，分析信息管理的亮点、优点和不足，及时总结经验教训并提出改进建议，完善信息管理制度，形成信息管理工作总结，将信息管理的过程资产转化为历史资产。信息管理工作总结的工作条件、方法与工具、工作成果见图 15-5。

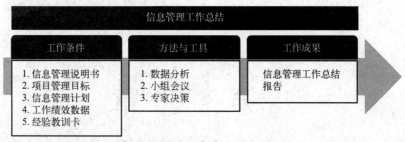

图 15-5　信息管理工作总结的工作条件、方法与工具、工作成果

信息管理工作总结报告应包括下列内容：

① 信息管理效果概述。

② 信息管理的目标及执行情况。

③ 信息传输的程序及执行效果。

④ 信息安全保障措施的落实情况。

⑤ 信息管理的重大异常情况及处理措施和处理结果说明。如泄密、滞后、混乱等对工作产生的重大影响。

⑥ 信息管理工作的建议。

⑦ 其他经验和教训。

第16章
文档管理

文档管理是指对项目建设过程中形成的具有参考价值的各种形式的文件与档案的编制、审核、批准、用章、传递、存储、变更、废止、销毁、移交等工作进行全过程、系统化、规范化管理的统称。在吊装工程项目管理过程中，建设单位、监理单位、吊装单位以及其他与吊装工程项目管理有关的单位应根据实际工作的需要设置文档管理岗位，配备专职或兼职熟悉项目管理业务流程的文档管理人员，负责项目文档管理。文档管理工作主要包括文档管理策划、制定文档管理手册、管理文档、文档变更管理、文档管理工作总结和文档整理与移交等。

16.1　文档管理策划

文档管理策划是指为了项目文档高效、有序、规范管理而基于项目性质、规模、特点和组织需要等进行管理活动策划的过程。本过程的主要作用是帮助项目管理者在项目开始之初就明确文档的管理任务和要求，保证项目文档及时、正确、完整地生成、传输、储存和移交。在吊装工程项目管理启动阶段，项目管理者应尽早开展文档管理策划工作，文档管理策划完成后，应形成文档管理说明书。文档管理策划的工作条件、方法与工具、工作成果见图 16-1。

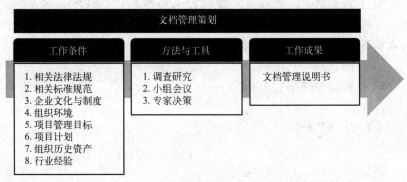

图 16-1　文档管理策划的工作条件、方法与工具、工作成果

文档管理说明书应包括（但不限于）以下主要内容：
① 文档管理的工作目标。
② 文档管理的组织架构、工作分工与工作职责。
③ 文档管理计划。
④ 管理文档的方法与要求。
⑤ 文档变更管理的程序与要求。
⑥ 文档管理工作总结要求。

16.2　制定文档管理手册

在吊装工程项目管理的准备阶段，项目管理者应制定项目文档管理手册，并经相关部门及主管领导批准后执行。制定文档管理计划的工作条件、方法与工具、工作成果见图 16-2。

文档管理手册应包括（但不限于）以下主要内容：

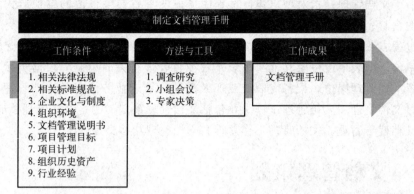

图 16-2　制定文档管理手册的工作条件、方法与工具、工作成果

① 目的。

② 适用范围。

③ 编制依据。

④ 释义。

⑤ 职责分工。

⑥ 管理要求。应明确需要管理的文档清单，文档内容编制、审核、批准、传输、存档的程序、时限和要求，文档定期或不定期检查的条件、方式、频度，文档验收和移交的条件、时间和要求等。

⑦ 附则。

⑧ 工作流程图及工作模板。

16.3　管理文档

在吊装工程项目管理过程中，吊装单位、监理单位、建设单位的文档管理人员应对本单位所有文件与档案进行管理。同时，监理单位和吊装单位的文档管理工作应接受建设单位领导与监督管理。文档管理应形成管理记录，并定期以报告形式向相关方展示项目的文档管理状态。管理文档的工作条件、方法与工具、工作成果见图 16-3。

管理文档应遵循以下内容：

① 项目管理者应定期或不定期开展文档管理工作的自查和专项监督检查工作，确保文档的生成、传输、存储、应用和评价等及时、真实、准确、完整和规范。

② 项目文档管理宜采用信息系统，重要项目文件和档案应有纸质备份。

③ 文档整理宜按照合同、标段、区域、专业等进行分类管理，同时对保密要求高的文件应按照密级进行分级管理，防止泄密。

④ 合同管理人员应对合同文件定义范围内的信息、记录、函件、证据、报告、合同变更、协议、会议纪要、签证单据、图纸资料、标准规范、法律法规等进行收集、整理和归档。

⑤ 项目管理机构应按照进度收集、整理项目实施过程中的各类技术资料，按类存放，完整归档。

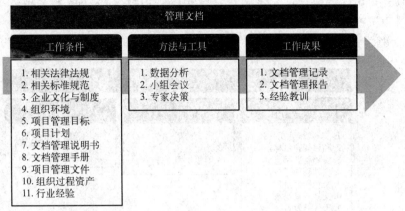

图 16-3　管理文档的工作条件、方法与工具、工作成果

16.4　文档变更管理

在吊装工程项目管理的过程中，一旦文档发生变更，文档管理人员应依据变更程序及时进行文档变更管理。文档变更管理的工作条件、方法与工具、工作成果见图 16-4。

图 16-4　文档变更管理的工作条件、方法与工具、工作成果

（1）文档变更管理的程序

① 变更申请。

② 变更文件审核与批准。

③ 执行变更。

（2）文档变更应遵循以下原则

① 变更后的文档经过审批后应及时与原文件进行更替，并确保准确和完整。

② 废止的文档应按照管理要求进行留存或销毁处置。

16.5　文档管理工作总结

在吊装工程项目管理的收尾阶段，项目管理者应对文档管理中的良好实践和失败案例进行收集和整理，分析文档管理的亮点、优点和不足，及时总结经验教训并提出改进建议，完善文档管理制度，形成文档管理工作总结，将文档管理的过程资产转化为历史资产。文档管理工作总结的工作条件、方法与工具、工作成果见图16-5。

图 16-5 文档管理工作总结的工作条件、方法与工具、工作成果

文档管理工作总结报告应包括（但不限于）以下主要内容：

① 文档管理目标的实现情况。

② 文档管理手册制定及执行情况。

③ 文档变更控制及执行情况。

④ 文档管理工作的建议。

⑤ 其他经验和教训。

16.6 文档整理与移交

在吊装工程项目管理的收尾阶段，项目管理者应按照文档管理说明书和文档管理手册对文档进行整理，并按照档案管理的程序和要求进行档案移交。文档整理与移交的工作条件、方法与工具、工作成果见图16-6。

图 16-6 文档整理与移交的工作条件、方法与工具、工作成果

（1）交工技术文件资料的整理、归档和档案验收应符合下列标准规范的要求

①《建设工程文件归档规范》。

②《石油化工建设工程项目交工技术文件规定》。

③《建设工程项目档案管理规范》。

④《建设项目（工程）档案验收办法》。

⑤《重大建设项目档案验收办法》。

（2）文档管理部门应遵循以下原则

① 按文档验收标准对须归档的文件种类、范围、份数、格式、存储载体、装订、编目、盖章等作出明确要求并制定归档计划。

② 文档管理部门在完成文档分类组卷、文档统计、文档移交清册后，编制建设项目文档竣工验收报告。

③ 文档管理部门在自检自查并完成整改后，应按《建设项目（工程）档案验收办法》《重大建设项目档案验收办法》要求向档案验收主管部门提交档案验收申请。

④ 文档验收通过并进行移交后，应办理文档验收报告和文档移交证书。

释　义

（1）专家决策

专家决策是管理活动中极其重要的管理工具和方法。在本书中，几乎所有管理活动都应用到了专家决策。这里的专家是指具有一定知识或技能，且经历过与决策事项相同、相似或相关的工作，能够为管理决策提供支持和帮助的人，他可以是管理者本人，可以是团队内的任意成员，也可以从团队之外邀请。

（2）组织历史资产

组织历史资产是指组织通过之前的项目积累能够为项目管理提供支持、帮助、启发和借鉴的知识、技术、工具、方法、制度、流程、模板、经验、教训、数据等历史性资源。

附　录

附录1：×××项目经验教训登记册

序号	类别	记录编号	事件主题	主要影响	发生时间
1	经验				
2	教训				
3					
4					
5					
……					

附录2：×××项目经验教训记录卡

项目名称	设备吊装工程经验/教训记录卡	编号：
主责单位/部门		
相关单位/部门		
事件主题		

一、事件经过描述

二、事件结果

三、事件影响

四、相关资料

照片、纪要、邮件等。

五、经验教训

总结人	包君胜	日期	年　月　日

附录 3：×××项目 150 万吨/乙烯装置急冷水塔吊装工艺卡示例

×××项目		大件设备吊装 工艺卡		陕西化建工程有限责任公司	
装置	1#150 万吨/年乙烯装置	设备名称	急冷水塔	设备位号	1201-C-1601
规格	Φ13200/16000×65250	设备净重	1688t	附件重量	170t
主索具	245t	吊装重量	2103t	吊装方法	单主机提吊递送法
主吊车	XGC88000 型 4000 吨级履带式起重机	最大受力	2103t	最大负载率	93.47%
副吊车	ZCC32000 型 2000 吨级履带式起重机	最大受力	940t	最大负载率	82.9%

一、吊装工艺设计

根据现场平面图，急冷水塔到货后在基础西南侧的规划位置卸车并进行"穿衣戴帽"工作。吊装时，采用"单主机提吊递送法"吊装工艺，主吊车为 1 台 XGC88000 型 4000 吨级履带式起重机，在设备基础的东南侧站位、就位半径 24m；抬尾吊车为 1 台 ZCC32000 型 2000 吨级履带式起重机，在急冷水塔的正后方站位、起吊半径 14m。急冷水塔吊装布局见图 1 所示。

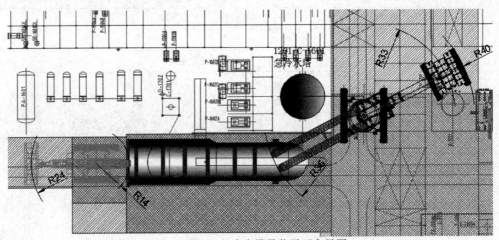

图 1　急冷水塔吊装平面布局图

主、副吊车的参数如下：

• XGC88000 型 4000 吨级履带式起重机参数：102m 主臂＋21m 副臂专用副臂工况、加载 2900t 超起配重、设置 33m 超起半径、额定载荷 2250t、就位时作业半径 24m、最大吊装重量 2103t、最大动负载率 93.47%；

• ZCC32000 型 2000 吨级履带式起重机参数：SDB-1 工况、54m 主臂、加载 300t 超起配重、超起半径 24m、作业半径 14m、额定载荷 1134t、最大受力 940t、最大负载率 82.9%。

二、吊装作业组织流程

为了保证本次吊装作业安全顺利进行，特制定以下组织流程，吊装作业前项目部必须按照此流程进行充分的技术准备和精细的现场准备，管理、技术、质量、安全、操作、监督等各环节相关负责人必须认真履职，保证吊装作业组织科学、有序、高效。吊装作业组织流程见图 2。

三、吊装作业操作步骤

本次吊装作业共分十三个操作步骤，具体如下：

第一步：将设备抬离鞍座

主吊车 XGC88000 型 4000 吨级履带式起重机和副吊车 ZCC32000 型 2000 吨级履带式起重机同步缓慢起升吊钩，将急冷水塔抬离鞍座 200mm 高，见图 3 所示，并保持该状态不变，静置 5min。

该状态下，XGC88000 型 4000 吨级履带式起重机：作业半径 36m、额定载荷 1920t、最大受力 1243t、最大负载率 64.74%；ZCC32000 型 2000 吨级履带式起重机：作业半径 14m、额定载荷 1134t、最大受力 940t、最大负载率 82.9%。

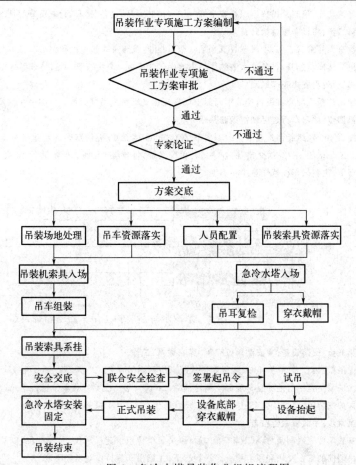

图 2 急冷水塔吊装作业组织流程图

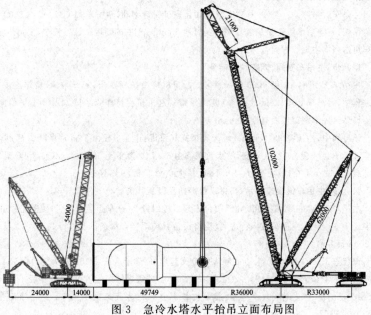

图 3 急冷水塔水平抬吊立面布局图

静置期间,吊装总指挥组织检查主、副吊车、吊装索具、设备、吊耳、地基沉降等情况。

第二步:将设备整体抬升至 4m

检查无异常状态后,主吊车 XGC88000 型 4000 吨级履带式起重机和副吊车 ZCC32000 型 2000 吨级履带式起重机继续同步起升,将急冷水塔整体抬离地面约 4m 高。该状态下,主副吊车保持作业半径不变。

第三步:将支撑鞍座撤离

使用挖掘机配合将设备摆放期间的支撑鞍座和支墩撤离吊装区域。主副吊车保持作业半径不变。

第四步:副吊车行走区域铺设路基箱

使用 400 吨级履带式起重机为副吊车 ZCC32000 型 2000 吨级履带式起重机行走铺设路基箱。路基箱规格 2.2m×6m,采用"纵横交错"的方法进行单层满铺,每侧履带铺设 12 块,共计 24 块,路基箱铺设情况见图 4。该状态下,主副吊车保持作业半径不变。

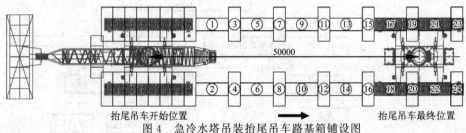

图 4 急冷水塔吊装抬尾吊车路基箱铺设图

第五步:回落设备,交安装单位完善"穿衣戴帽"工作

主吊车 XGC88000 型 4000 吨级履带式起重机和副吊车 ZCC32000 型 2000 吨级履带式起重机同步回落,将急冷水塔调整至平行地面且最底部距离地面约 2m 高。然后交给安装单位进行绝热施工、底部附塔管线安装、劳动保护安装等"穿衣戴帽"工作的完善。该状态下,主副吊车保持作业半径不变。

第六步:吊装前联合检查

安装单位完成剩余"穿衣戴帽"工作后,由吊装单位组织建设单位、监理单位,以及本单位的相关管理人员进行吊装前的安全交底和联合检查。该状态下,主副吊车保持作业半径不变。

第七步:降低设备高度

主吊车 XGC88000 型 4000 吨级履带式起重机保持不动,副吊车 ZCC32000 型 2000 吨级履带式起重机缓慢回落吊钩,将急冷水塔裙座最底部降落到离地 200mm 左右的高度。该过程中,主副吊车保持作业半径不变,副吊车可适当向主吊车方向行进。

第八步:主吊车变幅,调整作业半径

主吊车 XGC88000 型 4000 吨级履带式起重机缓慢扬杆变幅、起升吊钩,将作业半径从 36m 调整至 24m。此过程中,副吊车 ZCC32000 型 2000 吨级履带式起重机保持作业半径 14m 不变平稳向主吊车方向行进,始终保持设备最底部距离地面高度 200mm 左右。

该过程中,XGC88000 型 4000 吨级履带式起重机:作业半径由 36m 逐渐减少至 24m,额定载荷由 1920t 增大至 2250t,最大受力 1243t 不变,最大负载率由 64.74% 降低至 55.24%;ZCC32000 型 2000t 级履带式起重机:额定载荷 1134t 不变、最大受力 940t 不变、最大负载率 82.9% 不变。

第九步:主吊车继续起升吊钩,将设备翻转至竖直状态

主吊车 XGC88000 型 4000 吨级履带式起重机保持 24m 作业半径不变,缓慢起升吊钩,副吊车保持 14m 作业半径不变继续向主吊车方向行进,直至将设备翻转至竖直状态。该过程中,始终保持设备最底部距离地面高度 200mm 左右。

该状态下,XGC88000 型 4000 吨级履带式起重机:额定载荷 2250t,最大受力由 1243t 增大至 2103t,最大负载率由 55.24% 增大至 93.47%;ZCC32000 型 2000 吨级履带式起重机:作业半径 14m 不变、额定载荷 1134t 不变、最大受力由 940t 逐渐减少至零、最大负载率由 82.9% 逐渐减少至零。急冷水塔翻转过程立面示意图见图 5。

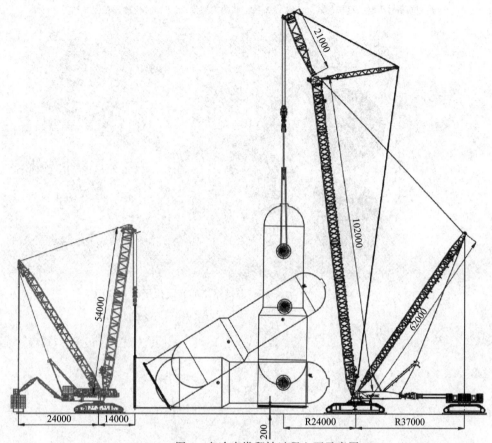

图 5　急冷水塔翻转过程立面示意图

第十步：摘除副吊车吊装索具

急冷水塔达到竖直状态后，主吊车 XGC88000 型 4000 吨级履带式起重机停止动作，拆除副吊车 ZCC32000 型 2000 吨级履带式起重机的抬尾索具，副吊车撤离吊装作业区域。

第十一步：主吊车起升吊钩，将设备最底部提升至高于安装螺栓约 300mm 高

副吊车抬尾索具摘除并撤离吊装作业区域后，主吊车 XGC88000 型 4000 吨级履带式起重机保持 24m 作业半径不变，并继续起升吊钩，将设备最底部提升至高于安装螺栓约 300mm 高。急冷水塔提升示意图见图 6。

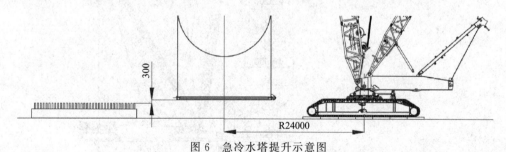

图 6　急冷水塔提升示意图

第十二步：主吊车臂杆向基础方向旋转，将设备吊至基础正上方

　　主吊车 XGC88000 型 4000 吨级履带式起重机保持 24m 作业半径，33m 超起半径，设备最底部高于安装螺栓约 300mm，顺时针缓慢旋转 44°，将设备吊至基础正上方，吊车回转轨迹详见图 7 和图 8。

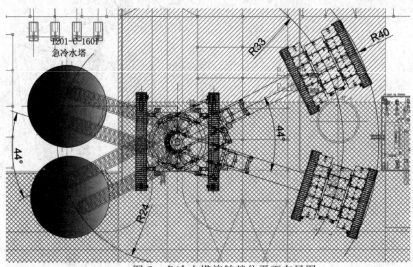

图 7　急冷水塔旋转就位平面布局图

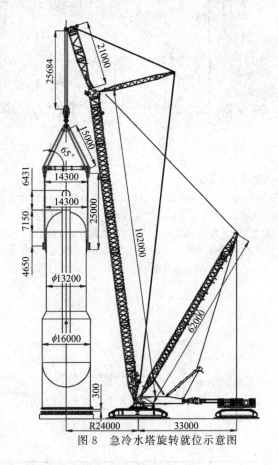

图 8　急冷水塔旋转就位示意图

第十三步:调整设备安装方位

安装单位进行设备安装方位的确认,由吊装单位使用挖掘机配合,将设备方位调整到设计图纸要求方向,然后主吊车缓慢回落吊钩,确保就位基础地脚螺栓穿过设备裙座底部环板和盖板。

第十四步:配合安装单位设备找正

主吊车逐步释放吊装载荷,配合安装单位进行设备找正。

第十五步:吊装结束

待设备找正后,经安装单位、监理单位和建设单位联合检查进行摘钩前条件确认,四方签署纸版摘钩确认单后主吊车回落吊钩,将吊装索具脱离设备吊耳。至此,吊装结束。

附录 4:×××项目设备吊装工作落实清单示例

大型设备吊装工作落实清单

分部		液体产品分部	装置	26万 t/年丙烯腈联合装置		
设备名称		吸收塔	位号	1224-C-2002		
规格/mm		Φ5800×55355	重量/t	230		
吊装单位	××××	计划吊装日期	2023年11月28日	主吊吊车 650t	溜尾吊车	260t
序号	工作任务	计划开始日期	计划完成时间	实际完成情况	责任单位	责任人	关键路径
1	基础施工	/	/				
2	穿衣戴帽	11月9日	11月26日				是
3	吊装地基处理方案	/	/				
4	吊车安拆方案	11月14日	11月20日				
5	吊装方案	11月14日	11月25日				
6	应急预案	11月14日	11月25日				
7	方案交底						
8	吊装机索具报验	11月14日	11月25日				
9	吊耳检测及报告(厂家)	11月16日	11月16日				
10	吊耳复检及报告	11月16日	11月24日				
11	吊装场地清障	11月8日	11月9日				
12	吊装地基处理	11月10日	11月14日				
13	吊装地基承载力试验	11月18日	11月19日				
14	安全技术交底	11月19日	11月19日				
15	主吊车组装	11月20日	11月26日				是
16	抬尾吊车组装	11月23日	11月26日				是
17	吊装桌面演练	11月26日	11月26日				
18	吊装作业票	11月26日	11月26日				
19	吊装工况模拟	11月26日	11月26日				
20	抬吊设备	11月26日	11月26日				是

序号	工作任务	计划开始日期	计划完成时间	实际完成情况	责任单位	责任人	关键路径
21	抬起后施工附塔管线、保冷	11月26日	11月27日				是
22	吊装前联合检查及安全交底	11月28日	11月28日				
23	吊装就位	11月28日	11月28日				是
24	摘钩	11月29日	11月29日				是
25	场地释放	11月29日	12月3日				是
落实单位			落实人		检查人		

其他说明:吸收塔为保冷设备,"穿衣戴帽"时间为18天。

附表5:×××单位1.0版拟投入吊装资源计划表

序号	资源名称	资源型号	制造年份	数量	单位	计划入场时间	计划退场时间	来源地	当前状态	备注
1										
2										
3										
……										

附录6:×××项目大型起重机械进场申请单示例

项目名称:	大型起重机械进场申请单	合同名称: 合同编号:

致:××××建设单位

我单位计划于:_____年___月___日,进场___台_____型号_____吨级
_____式起重机,用于_____装置_____等设备吊装,特此申请,请批准。

项目经理:_____

申请单位(章)

日期:_____

监理单位意见:

总监/负责人:_____

日期:_____

相关单位或部门意见：

负责人：＿＿＿＿＿＿＿＿

日期：＿＿＿＿＿＿＿＿

建设单位主管部门意见：

负责人：＿＿＿＿＿＿＿＿

日期：＿＿＿＿＿＿＿＿

建设单位公司主管领导意见：

负责人：＿＿＿＿＿＿＿＿

日期：＿＿＿＿＿＿＿＿

备注：此表一式两份，审批完成后吊装单位和建设单位各留存一份。

附录7：×××项目大型起重机械退场申请单示例

项目名称：	大型起重机械退场申请单	合同名称： 合同编号：

致：××××建设单位

我单位计划于：＿＿＿＿年＿＿月＿＿日,退场＿＿＿台＿＿＿＿＿＿＿型号＿＿＿＿＿＿吨级＿＿＿＿＿式起重机，该起重机已经完成＿＿＿＿＿＿＿＿装置＿＿＿＿＿＿＿＿＿等全部设备的吊装任务,具备退场条件,特此申请,请批准。

项目经理：＿＿＿＿＿＿＿＿

申请单位（章）

日期：＿＿＿＿＿＿＿＿

监理单位意见：

总监/负责人：＿＿＿＿＿＿＿＿

日期：＿＿＿＿＿＿＿＿

相关单位或部门意见:

负责人:＿＿＿＿＿＿＿＿＿＿

日期:＿＿＿＿＿＿＿＿＿＿

建设单位主管部门意见:

负责人:＿＿＿＿＿＿＿＿＿＿

日期:＿＿＿＿＿＿＿＿＿＿

建设单位公司主管领导意见:

负责人:＿＿＿＿＿＿＿＿＿＿

日期:＿＿＿＿＿＿＿＿＿＿

备注:此表一式两份,审批完成后吊装单位和建设单位各留存一份。

附录8:×××项目设备吊装工程质量控制点设置表示例

序号	检查项目	等级	控制主要内容
1	施工组织设计、施工方案审查	A	进度、质量、安全等措施,施工工艺、作业步骤;人力、机具安排等
2	特种作业人员资格审查	A	特种作业人员操作资格证书
3	起重机械入场检查	A	核查起重机械设备状况,核查起重机械维修、保养、检查记录
4	吊装索具入场检查	B	钢丝绳的断丝情况;平衡梁的设计文件、计算书、外观;卸扣的几何尺寸、外观、合格证
5	吊装索具日常使用检查	C	型号、外观
6	地基加固处理材料验收	C	规格、含石率
7	地基加固处理基槽开挖验收	B	深度、宽度
8	地基加固处理石料换填及压实验收	B	压实度、感官质量和第三方检验报告
9	吊耳焊接质量检查	C	吊耳标高、方位、焊缝外观质量、出厂检验报告
10	吊耳复检质量验收	A	复检报告
11	吊车站位检查	C	吊车位置、作业半径
12	索具连接检查	A	连接方式、连接紧密度

序号	检查项目	等级	控制主要内容
13	吊盖固定检查	B	螺栓预紧力、螺栓重复利用次数
14	试吊	A	吊车负荷,设备受力变形情况

附录 9: 全员安全生产责任制示例

项目经理安全生产责任制

1. 项目经理是工程施工的安全生产第一负责人,全面负责工程施工全过程的安全生产、文明卫生、防火工作,遵守国家法令,执行上级安全生产规章制度,对劳动保护全面负责。

2. 组织建立安全管理机构和配备专(兼)职安全生产管理人员,制定本单位安全生产责任制,贯彻上级部门的安全规章制度,并落实到施工过程管理中,把安全生产提到日常议事日程上。

3. 负责搞好职工安全教育,支持安全生产管理人员工作,组织检查安全生产。

4. 组织编制、批准、实施 HSE 作业指导书、作业计划书、现场检查表(即"两书一表"),加强风险管理,有效减少和防止各类事故。

5. 保证本单位安全生产所需的资源投入,并保证投入的有效实施。

6. 发现事故隐患,及时按"定人、定时、定措施"的三定方针,及时落实整改。发生工作事故,及时抢救,保护现场,并按规定逐级上报有关部门。

7. 不准违章指挥与强令职工冒险作业。

项目主管生产负责人安全生产责任制

1. 对本单位安全生产负直接领导责任。

2. 主持制定年、季、月技术措施计划和季节性施工方案的同时,制定安全技术措施计划,并督促执行。对执行中发现的问题及时予以纠正。

3. 落实施工组织设计,"两书一表",施工方案中各项安全技术要求,严格执行安全技术措施审批制度,施工项目安全交底制度及设备设施交接、验收、使用制度。

4. 随时掌握安全生产动态,监督并保证 HSE 管理体系的正常运转,定期和不定期组织安全生产检查,及时消除事故隐患与不安全因素,制止违章指挥和违章作业并及时向项目经理汇报。

5. 严格遵守特殊工种及民工使用的安全生产管理规定。领导组织职工(含外包队长)的各项安全生产教育。

6. 发生因工伤亡及重大未遂事故,要做好现场保护,及时上报,并协助事故调查组参加事故的调查处理,制定并落实各项防范措施,认真吸取教训。

项目技术负责人安全生产责任制

1. 组织有关人员认真学习和贯彻执行有关安全生产和安全技术管理规定,对本单位安全生产负技术领导责任。

2. 组织编制和审核施工组织设计、"两书一表",施工方案或专业工程项目施工方案以及大型临时设施、特殊施工设施的施工方案,要严格审查其安全技术措施的可行性，并负责组织实施。对确定后的方案（特别是方案中相应的安全技术措施），如有变更，应及时修订，上报审批。主持重点和单位工程的安全技术交底（交底必须以书面形式，直接对主管或直接参加施工的人员进行），履行签认手续。

3. 领导安全技术攻关，认真吸取合理化建议，对新材料、新技术、新工艺的使用，建立申报、审批手续，并制定出相应的安全技术措施和安全操作工艺要求，并负责其实施。

4. 组织并主持各种安全设施、设备的审查和验收，发现问题及时采取措施。

5. 参加安全生产检查，对施工中存在的事故隐患，从技术上制定措施，及时排除隐患。

6. 参加因工伤亡及重大未遂事故的调查，从技术上分析事故原因，提出防范措施。

技术员安全生产责任制

1. 遵守国家法令，学习熟悉安全生产操作规程，执行上级安全部门的规章制度。

2. 根据施工技术方案中的安全生产技术措施，提出技术实施方案和改进方案中的技术措施要求。

3. 在审核安全生产技术措施时，发现不符合技术规范要求的，有权提出更改完善意见，使之完善纠正。

4. 主持单位工程的安全技术交底（交底必须以书面形式，直接对主管或直接参加施工的人员进行），履行签认手续。

5. 按照技术部门编制的安全生产技术措施，根据施工现场实际补充编制分项分类的安全技术措施，使之完善和充实。

6. 在施工过程中，对现场安全生产有责任进行管理，发现隐患，有权督促纠正、整改、通知安全员落实整改并汇报给项目经理。

7. 对施工设施和各类安全保护、防护物品进行技术鉴定和提出结论性意见。

安全监督员安全生产责任制

1. 负责施工现场的安全生产、文明卫生、防火管理工作，遵守国家法令，认真学习熟悉安全生产规章制度，努力提高专业知识和管理水准，加强自身建设。

2. 按"两书一表"要求，及时检查施工现场的安全生产工作，做好记录，使安全资料符合施工现场实际。发现隐患及时采取措施进行整改，并及时汇报项目经理处理。

3. 坚持原则，对违章作业，违反安全操作规程的人和事决不姑息，敢于阻止和教育。

4. 对安全设施的配置提出合理意见，提交项目经理解决，如得不到解决，应责令暂停施工，报公司安全部门处理。

5. 安全监督员有权根据公司有关制度进行监督，对违纪者进行处罚，对安全先进者上报公司奖励。

6. 发生工伤事故，及时保护现场，组织抢救并立即报告项目经理和上报公司。

7. 做好安全教育工作，强化安全生产、文明卫生、防火工作的管理。

参 考 文 献

[1] 《中华人民共和国安全生产法》2021年 修订版
[2] 《中华人民共和国特种设备安全法》2013年版
[3] 《中华人民共和国建筑法》2019年 修订版
[4] 《中华人民共和国消防法》2021年 修订版
[5] 《中华人民共和国招投标法》2000年版
[6] 《中华人民共和国刑法》2023 修订版
[7] 《特种设备安全监察条例》中华人民共和国国务院令 第549号
[8] 《建设工程安全生产管理条例》中华人民共和国国务院令 第393号
[9] 《建设工程质量管理条例》中华人民共和国国务院令 第279号 2019二次修订
[10] 《生产安全事故应急条例》中华人民共和国国务院令 第708号
[11] 《突发事件应急预案管理办法》国办发〔2024〕5号
[12] GB/T 12602—2020 起重机械超载保护装置［S］
[13] GB/T 29639—2020 生产经营单位生产安全事故应急预案编制导则［S］
[14] GB/T 50484—2019 石油化工建设工程施工安全技术标准［S］
[15] GB/T 50326—2017 建设工程项目管理规范［S］
[16] GB/T 50358—2017 建设项目工程总承包管理规范［S］
[17] GB 50798—2012 石油化工大型设备吊装工程规范［S］
[18] GB/T 51384—2019 石油化工大型设备吊装现场地基处理技术标准［S］
[19] GB 6067.1—2010 起重机械安全规程 第1部分：总则［S］
[20] DL/T 5248—2010 履带起重机安全操作规程［S］
[21] SH/T 3536—2011 石油化工工程起重施工规范［S］
[22] JGJ 276—2012 建筑施工起重吊装工程安全技术规范［S］
[23] Q/SY 1248—2009 移动式起重机吊装作业安全管理规范［S］
[24] HG 20235—2014 化工建设项目施工组织设计标准［S］
[25] SH/T 3566—2018 石油化工设备吊装用吊盖工程技术规范［S］
[26] HG/T 21574—2018 化工设备吊耳设计选用规范［S］
[27] SY/T 6279—2022 大型设备吊装安全规程［S］
[28] JGJ 160—2016 施工现场机械设备检查技术规范［S］
[29] TSG 08—2017 特种设备使用管理规则［S］
[30] TSG 51—2023 起重机械安全技术规程［S］